INVESTIGATION AND APPLICATION ON VIBRATION RESPONSE MECHANISM
OF FROZEN SOIL BLASTING IN ULTRA DEEP ALLUVIUM SHAFT

超深厚冲积层立井冻土爆破
振动响应机制研究及应用

于建新　张　馨　王　涛　著

人民交通出版社

北　京

内 容 提 要

本书以赵固二矿西风井冻结凿井工程为背景，围绕超深厚冲积层立井冻土爆破振动响应开展研究，实施了原位冻土爆破、立井冻土掘进爆破、立井模型冻土爆破等系列试验，采用现场监测与数值模拟等方法，分析了冻土爆破引起振动传播和井壁结构的振动响应与传播规律，评价了冻结井筒工程施工过程可靠性，揭示了超深厚冲积层立井冻土爆破振动响应机制，提出了立井冻结与爆破快速施工技术。

本书可供从事工程爆破、立井冻土爆破施工技术与管理工作的科研、设计、施工人员使用，也可作为高等院校井巷工程、城市地下空间工程及相关专业的参考书。

图书在版编目（CIP）数据

超深厚冲积层立井冻土爆破振动响应机制研究及应用/
于建新，张馨，王涛著.—北京：人民交通出版社股份有限
公司，2024.4
ISBN 978-7-114-19449-8

Ⅰ.①超… Ⅱ.①于…②张…③王… Ⅲ.①冲积层
—冻土—爆破振动—研究 Ⅳ.①P642.14

中国国家版本馆 CIP 数据核字（2024）第 058204 号

Chao Shenhou Chongjiceng Lijing Dongtu Baopo Zhendong Xiangying Jizhi
Yanjiu ji Yingyong
书　　名：超深厚冲积层立井冻土爆破振动响应机制研究及应用
著 作 者：于建新　张 馨　王 涛
责任编辑：谢海龙　高鸿剑
责任校对：赵媛媛
责任印制：刘高彤
出版发行：人民交通出版社
地　　址：（100011）北京市朝阳区安定门外外馆斜街 3 号
网　　址：http://www.ccpcl.com.cn
销售电话：（010）59757973
总 经 销：人民交通出版社发行部
经　　销：各地新华书店
印　　刷：北京印匠彩色印刷有限公司
开　　本：720×960　1/16
印　　张：10.5
字　　数：165 千
版　　次：2024 年 4 月　第 1 版
印　　次：2024 年 4 月　第 1 次印刷
书　　号：ISBN 978-7-114-19449-8
定　　价：78.00 元
（有印刷、装订质量问题的图书，由本社负责调换）

前　言

　　矿井建设穿越深厚表土层，普遍采用冻结法施工，冻结井筒爆破掘进过程中井壁受到围岩压力与冻土爆破的双重作用，爆破振动容易引起井筒围岩损伤和井壁混凝土脱落，严重影响井筒的稳定性。位于河南省焦作市的赵固二矿，其西风井井筒是河南省冻结最深、穿越最厚冲积层的井筒，也是国内外冻结井筒穿过深厚冲积层的代表井筒之一。该井筒的冻结凿井工程采用钻爆法施工，爆破振动对井壁稳定性影响较大。本书以此工程为背景，系统研究了超深厚冲积层立井冻土爆破振动响应机制。

　　本书以试验监测为主要研究手段，开展冻土爆破原位现场试验，获得了冻土介质与冻结井壁振动衰减规律；进行冻结立井爆破数值模拟试验，研究了多参数变量与爆破振动的衰减关系；实施冻结立井爆破模型试验，找出了冻结井壁内部的冻土振动衰减规律；通过三种试验方法相互对比验证，揭示了超深厚冲积层立井冻土爆破振动响应机制。研究结果应用于赵固二矿西风井工程，通过优化爆破参数，革新施工机械化作业线，创造了国内超 700m 冲积层冻结法凿井单月进尺 88m 的施工纪录。首次在井筒施工中成功运用 C100 超高强度混凝土，填补了国内此项技术空白，采用"六盘十二模"井筒套壁施工法，安全快速完成了 767m 套壁深度施工，刷新了国内多项施工纪录（世界第二），形成了一套安全、快速、经济、合理的立井冻结与爆破凿井新技术。本书研究成果可以为深厚冲积层冻结立井爆破工程建设提供参考。

　　全书具体编写分工如下：第 1 章～第 4 章由河南理工大学于建新副教授编写，第 5 章由中国矿业大学王涛副教授编写，第 6 章～第 8 章由于建新和中铁十八局集团有限公司张馨共同编写。河南理工大学硕士研究生郭敏前期做了大量的试验和文字编辑工作。

　　河南国龙矿业建设有限公司曾凡伟正高级工程师、张道海高级工程师等专家，为相关试验提供了实施条件，为本书的撰写提供了大量素材，并给予了大力帮助和支持。本书冻土物理力学参数部分试验数据，选取自焦作市神龙水文地质工程有限公司与中国科学院寒区旱区环境与工程研究所冻土工程国家重点实验室提供的"赵固二矿中部进回风井井检孔冻土物理、力学性质试验报告"，本书撰写过程中参阅了大量国内外相关文献和研究成果，在此，一并表示感谢！

本书的出版得到国家自然科学基金项目（42107200）的资助、河南省优秀青年科学基金项目（242300421145），在此深表感谢！

鉴于超深厚冲积层立井冻结法施工及冻土爆破的复杂性，作者们虽在深大立井冻土爆破振动传播、振动响应及可靠度分析等方面付出了一些努力，解决了工程现场的部分技术难题，取得了一些成果，但由于水平和时间有限，疏漏与不足之处在所难免，恳请广大读者批评指正。

作者

2023 年 11 月

目　　录

第 1 章

绪　　论

随着我国煤炭开采逐步向地下深部扩展，一些千米级地下基础设施的建设应运而生，其中通风井筒作为空气交换的咽喉工程，在地下设施中尤为重要。由于地质条件多变，井筒施工会穿越多种地质环境，在穿越黏土时一般采用冻结法辅助钻爆法施工。黏土在冻结后会形成一个致密的冻结体，爆破时应力波沿着冻结体传递给井壁，造成混凝土井壁内部的裂隙扩展，影响井壁混凝土的强度与稳定性。此外，立井掌子面经多次循环爆破开挖，井壁混凝土会受到多次扰动，将导致混凝土内部的裂隙进一步扩大，严重时会造成井筒开裂漏水或混凝土脱落，给井筒的施工和使用带来严重威胁。根据文献资料显示，20 世纪 80～90 年代井筒井壁破坏较多，例如江苏省徐州市的张双楼主副井、安徽省淮北市的童亭煤矿中央风井、山东省济宁市的杨村主副风井，这些井筒均在施工或建设过程中出现了损坏，造成了严重的经济损失。造成井筒破坏的原因各种各样，主要有两方面原因：一是井筒受到地下压力导致的变形破坏，二是在冻土爆破施工中对井壁的振动损伤。关于井筒受力，杨海朋等[1-3]对立井井筒的受力特性进行研究，得出了大直径立井井壁施工过程中的受力变形规律。在实际工程中，外层井筒受到冻结压力后，靠近掌子面处的外层边缘受力较大，井壁混凝土容易产生裂隙。冻结法施工分为表土段和基岩段，目前关于冻结基岩爆破振动对井壁的影响有较多研究，但冻结黏土爆破对井壁的振动研究较少，究其原因是黏土冻结后的力学性质与基岩段的冻结岩石有很大不同，本书主要探究冻土爆破对井壁的影响。

岩石力学理论在工程实践中不断发展，国内外学者对岩石的物理性质及经受爆破振动后裂隙的扩展有较为广泛的研究，而冻土处于极端环境下，应用场景较少，并且冻土本身的物理性质复杂，爆破后冻土呈颗粒离散分布，大块度土体较少。立井井筒在地下冻结环境下，混凝土井壁凝结时间延长、强度增长缓慢，早期高强混凝土井壁在浇筑之后紧随爆破工作面，需要承受多次冻土爆破振动作用，井壁混凝土中的细小颗粒在爆破振动作用下会产生微小位移，当位移足够大时会造成井壁的变形，直至结构失稳破坏。因此进行冻土爆破力学性能研究与混凝土井壁的振动响应机制探究，对于地下深部立井设施的建设具有重要意义。

1.1　国内外研究进展

目前国内外相关专家学者对冻土的可爆性，立井冻结井筒的设计和施工，以及低温下高强混凝土的静力学性能做了大量的研究，得出了一些重要结论，为后续相关研究打下了坚实的基础。但在地下深部低温条件下冻结黏土爆破振动的传播规律以及对混凝土井壁的动力学性能方面，理论和实践研究成果较少。基于文献研究，搜集到这方面的研究进展如下。

1.1.1　岩土爆破振动传播规律研究

炸药在岩土等介质中爆炸后，部分能量以应力波的形式释放，应力波在传播过程中以爆破荷载的形式对周围环境造成破坏，这种爆破振动引起的现象和后果称为爆破振动效应。关于爆破振动效应的研究，国外起步较早，早在 1927 年，美国的 Rockwell 就采石场爆破振动对周围建（构）筑物的影响进行了研究，但该项研究仅仅局限于破坏现象的统计分析与经验总结。到了 20 世纪中叶，随着地下核试验与核防护工程的修建以及工程爆破的广泛应用，以 Duvalland、Crandle 为代表[4-5]的美国、德国等国家的学者相继对爆破振动强度的影响因素及爆破振动的安全判定依据进行了一系列研究，并且制定了建（构）筑物在爆破振动作用下的破坏标准。

（1）常温下岩土爆破振动传播规律研究

在国外研究中，Mindlin 等[6]认为炸药爆炸引发的爆炸应力波在岩体中衰减的原因是岩石颗粒之间发生相互滑动摩擦。Sharafat 等[7]针对位于水下断裂带的隧洞钻爆开挖工程，进行了爆破振动监测，建立了特定场地的振动衰减模型，确定了周围岩体破坏的临界振动速度阈值，得到了爆破设计的允许参数。Jayasinghe 等[8]通过现场试验和数值模拟研究了地震波在混合地质介质中的传播规律，推导了预测地表和土壤/岩石中峰值颗粒速度衰减的经验公式。Kumar 等[9]收集了来自不同土壤场地的 120 条爆破数据，并通过考虑三个基本土壤特性，即单位重量、饱和度和杨氏模量，提出了一个估计爆破振动参数的广义经验模型。通过验证，无论土壤类型如何，该模型都能很好地预测完全饱和土壤，并预测部分饱和土壤的较高值（设计临界值）。Pijush[10]采用等效球形装药转换（ESCC）方法，用等效球形装药量代替圆柱形装药量，预测了表面爆破中以不同延迟雷管发射的圆柱形装药炮孔产生的峰值粒子速度（PPV），并使用了 Bhelanda 联合煤矿和 Joribhal 铁矿两个露天矿的试验数据进行了验证。

在国内研究中，高启栋等[11]基于柱状药包爆源特征的分析，从曲面体波在自由表面反射的角度，阐明岩石钻孔爆破中瑞利波的形成机制与形成过程，借助三维动力有限元模拟，对比分析无限和半无限空间中柱状药包爆破诱发地震波的波型与组分，研究了瑞利波的形成过程与演化特性，并开展了现场爆破验证试验。孙金山等[12]基于简化力学模型和应力波理论，分析了露天爆破条件下瑞利波在距离爆源较远处边坡岩土介质中诱发的动应力和质点振动特征，得到了振动速度与振动频率相同的瑞利波在不同岩土介质中传播时，岩土越软弱其内部最大动应力越小的结论。振动速度相同时，同一岩土介质中最大动应力是相等的，但其所处深度随振动频率的增大而减小。刘达等[13]推导了隧洞钻爆开挖爆破振动主频衰减公式，结合瀑布沟水电站引水洞、尾水洞开挖爆破振动主频的衰减规律拟合分析，验证了该主频衰减公式的有效性。周俊等[14]研究了上土下岩地层中爆破地震波的传播规律，建立了一般层状地层的刚度矩阵和动力平衡方程，分析了土层与基岩的阻抗比、土层厚度、入射波频率和入射波角度对地表速度与土岩地层界面速度的比值的影响。胡英国等[15]基于应力波的衰减机制，从理论角度给出岩石高边坡爆破安全标准确定的数学描述，结果表明振动安全标准的确定与坝肩槽允许开挖损伤深度、台阶高度均密切相关，同时由于径向应力与切向应力是爆破损伤区形成的主要原因，爆破安全标准的确定应具有方向性，以水平径向与水平切向的振动速度作为控制标准更为合理。Lu 等[16]研究了深部岩土体开挖中爆炸应力波与地应力释放耦合作用下的动态响应，发现地应力释放是一个瞬态过程，开挖时应考虑地应力释放的瞬态特征及相应引起的围岩动力响应，讨论了毫秒延迟起爆顺序、瞬态地应力释放的方式和路径、瞬态地应力诱发振动以及与爆破诱发振动的比较等问题。Li 等[17]分析了水下爆破的爆破振动传播规律，提出一种新的预测峰值粒子速度模型，该模型考虑了地质因素（即风化状态）、岩石性质（即岩石质量指标）和工程类别（即陆地或水下爆破）对地面振动和频率衰减的影响。

（2）冻土条件下岩土爆破振动传播规律研究

以上文献调查是针对常温条件下岩土体的传播规律开展的研究，取得了显著成果，然而岩土介质发生改变会导致爆破振动衰减特性发生明显变化[18]。

在冻土爆破研究方面，张岭等[19]分析了冻土融化、爆破振动及降雨因素对高寒地区露天矿山边坡稳定性的影响，采用合成孔径边坡雷达监测及无人机航测技术，对某矿山边坡进行连续不间断监测，研究了冻土融化、爆破振动及降雨因素影响下边坡的变形规律。胡英国等[20]指出严寒条件下地表一定深度被冰冻，岩体的物理力学性质与波阻抗特性发生改变，导致爆破振动衰减特性发生明显变化，提出了冬季与冰冻深度相关的爆破最大单段药量的数学表达，从地震波的频谱特性以及结构的强度极限等角度探讨了严寒条件对爆破振动安全控制标准的影响。于建新等[21]基于爆炸应力波理论，结合理论分析与数值模拟的手段研究了冻土爆破对井下冻结管的振动规律，确定出冻土爆破时冻结管的安全阈值。Zhu 等[22]通过霍普金森压杆，研究了含水率为 20% 的冻土在不同冷冻温度下的冲击力学动态特性。考虑到改进的 Ottosen 模型和热激活理论，推导了冻土速率损伤方程。试验结果表明，改进后的 Ottosen 模型可用于理解冻土的冲击力学特性，预测典型力学指标的演化规律。张俊兵等[23]依托青藏高原多年冻土区进行了冻土爆破漏斗试验，确定了高含冰量冻土的爆破参数。Konrad[24]提出了一种冻土中水冻结成冰的力学模型，研究了其性能，为冻土爆破提供了一定理论基础。李志敏等[25]探究了冻结砂土的爆破机理，将爆破作用区域划分为空腔、挤压区、破碎区、裂纹区和弹性振动区，细化了冻结砂土爆破破坏形式。马芹永等[26]、谭忠盛等[27]根据理论研究与现场试验，总结了多年冻土和季节冻土的爆破方法。

上述研究针对冻土条件下的爆破振动传播规律取得了一定成果，但主要针对特定的工程实例，或只开展了理论研究，对冻土中爆炸应力波的振动传播规律及能量特征缺少针对性的试验研究。开展冻结黏土爆破振动试验监测，研究冻结黏土中爆炸应力波的传播规律和爆破能量分布，进行爆破方案合理优化，对于立井冻结爆破施工具有重要意义。

1.1.2 冻结立井井壁受力特点研究

超深厚冲积层立井的冻结法施工中，井筒会受到爆破荷载和静力荷载的联合作用。针对冻结立井井壁受力特点不同，国内外学者开展了大量研究。

（1）爆破荷载对冻结立井井壁的影响研究

付晓强和俞缙[28]针对冻结立井爆破产生的井壁振动及围岩损伤难题，通过实时监测井壁振动并拍摄爆破后的冻结井壁成型图像，得到了不同爆破条件下围岩图像的特征辨识和科学分类，通过爆破参数优化可有效减小井壁振动并降低围岩损伤。研究表明，切缝药包控制爆破具有减振、护壁、降损的效果，且岩石坚固性系数越高，切缝药包爆破应用效果越优。杨仁树等[29]指出了爆破振动导致了冻结井壁破坏、冻结管断裂和井壁变形开裂，给工程安全带来了威胁，提出了切缝药包护臂技术，在低频段（0～250Hz）切缝药包具有显著的"吸能"作用。切缝药包切缝的存在使炮孔内壁介质波阻抗发生改变，从而改变应力波的传播规律，间接调控了炸药爆炸能量的释放方向，降低了向井壁介质传播的能量。单仁亮等[30-31]通过模型试验的方法研究了爆破掘进过程中冻结岩壁的振动及损伤特性，得到了冻结岩壁振动规律符合萨道夫斯基公式，振动频率符合其相似准数方程，得到了冻结岩壁振动速度和频率衰减特性，结合现场损伤测试结果认为采用规程允许振动速度可以保守地对冻结岩壁损伤进行评价。王二成[32]在理论分析的基础上，采用现场试验、数值模拟和模型试验相结合的方法对西部低温环境下冻结立井中早龄期高强混凝土井壁在经受爆破荷载作用下的损伤情况进行了详细的研究与分析，获得了混凝土在准动态荷载作用下的损伤情况和超声波波速变化情况及其相关性，总结了爆破荷载作用下高强混凝土井壁的振动传播规律、井壁的变形和受力规律、损伤及变化规律。

（2）静力荷载对冻结立井井壁的影响研究

姚直书[33]运用相似原理，对制作的相似立井模型进行加载试验，得到了井壁高强混凝土的一系列力学参数。试验数据表明，在侧向压力作用下，混凝土井壁由外缘的三向受压过渡到内缘的二向受压应力状态，其混凝土抗压强度提高了 1.592～1.765 倍。陈祥福[34]考虑竖向附加力对立井的非采动破坏，利用 Ansys 有限元软件建立了钢筋混凝土双层井壁模型，得出"表土段井壁应力变化趋势从上向下逐渐变小，并出现径向拉应变"的结论。王鹏等[35]利用 FLAC 3D 软件建立了冻结壁和井壁共同作用模型，获得井壁与冻结井壁共同承担外荷载，冻结压力主要由井壁承担。谢海舰等[36]通过在人工环境下进行深厚表土环境的模拟试验，完成模拟井筒外壁环境与内壁环境对高强混凝土的侵蚀试验，得到高强混凝土在该环境中立方体抗压强度与应力应变全曲线的时变过程。进一步采用三参数的 Weibull 分布，得到高强混凝土损伤的本构模型，并结合物理试验与数值模拟对井壁的破裂机理进行了研究，分析了井壁结构力学的劣化规律。此外，王衍森等[37]采用现场测试的方法研究了冻结立井外层井壁受到的外荷载，通过试验得出结论：外井壁在浇筑混凝土后的半个月内，井壁内力急剧增加，在第 14d 时冻结压力达到最大值的 81%，混凝土的抗压强度应达到设计值的 90%才能确保安全。管华栋[38]分析了冻结井壁早期的内力变化情况，并基于热弹性理论，建立了冻结井壁早期温度应力计算模型，推导出井壁早期温度应力和应变计算公式。Kostina[39]评估了冻结柱关闭 4d 时立井下沉的安全性，利用有限元软件 Comsol Multiphysics 进行了模拟分析，研究表明淤泥质地层中的冻结壁即使完全解冻也不会失去其承载力。

由上述文献可以看出，冻结立井井壁受力特点中，无论是爆破荷载还是静力荷载均会影响冻结井壁的稳定性，其中爆破荷载的影响更为显著。尽管上述研究针对冻结立井建设取得了许多成果，研究制定了合理的防护措施，但对于施工条件更为复杂的超深厚岩土层冻结立井施工，关于爆破掘进对井壁影响的研究较少，因此有必要针对超深厚岩土层冻结立井井壁进行振动监测。

1.1.3　立井爆破振动响应特性研究

超深厚冻结立井施工地质条件特殊，具有地应力大、爆破自由面小的特点，在此条件下，关于爆破对冻结壁、冻结管以及井壁的影响研究还未成体系，但已有研究开展了许多立井建设的爆破振动监测并分析了振动响应特性，且取得了显著成果,可以为超深厚岩土层冻结立井爆破振动响应特性的研究提供借鉴。

（1）立井爆破振动分析方法

付晓强等[40]为了准确评估冻结立井爆破对井壁产生的影响,采用井壁预埋法对大药量爆破下井壁的振动响应进行了监测,利用经验模态分解法（Empirical Mode Decomposition，EMD）、集合经验模态分解法（Ensemble Empirical Mode Decomposition，EEMD）和互补集合模态分解法（Complementary Ensemble Empirical Mode Decomposition，CEEMD）等典型经验模态算法对井壁信号进行了分析,并结合时频谱对分解和重构效果进行了综合评价。谢立栋等[41]建立了井筒爆破有限元模型并采集了振动信号,根据工程现场监测数据对模型及其使用参数有效性进行检验,应用小波包分析方法对模拟信号进行频谱分析,研究了空隙高度对井壁振动强度的影响。杨计先等[42]以潞安古城煤矿桃园进风井掘进工程为依托,对立井掘进施工过程中井壁振动信号进行了希尔伯特-黄转换（Hilbert-Huang Transform，HHT）分析,对爆破信号进行 EMD 分解,得到信号的各内涵模态分量（IMF）,对主分量信号进行 Hilbert 变换并求取包络线,准确识别出立井爆破雷管实际微差间隔时间并获得信号的 Hilbert 时频谱。Wang 等[43]基于现场实测的隧道井筒爆破振动信号数据,利用小波包提取振动信号的能带特征,分析了爆破振动信号能量在各频段的分布及其随垂直距离的变化规律,结果表明立井爆破振动能量占 0～300Hz 频带能量的 99%,其中垂直方向的振动能量最多。马芹永等[44]监测了冻结井筒掘进爆破过程中的振动效应,针对爆破振动信号短时非平稳的特点,采用 HHT 对 3 个方向爆破振动信号进行时频特性分析,结果显示爆破振动信号优势能量主要分布在主振频率所在的 IMF 分量内,井筒爆破 3 个方向振动信号在频域内分布不均匀,集中在0～147Hz 范围内。

（2）立井爆破振动响应规律

贾勐等[45]研究了爆破产生的冲击波对深井基岩段冻结管和围岩的振动影响,并且拟合出各关键因素对冻结管最大振速影响的曲线。张志彪等[46]对爆破作用下的钢板混凝土组合结构进行了数值模拟,研究发现:起爆药量的改变对应力波的影响很小,但会改变应力波的峰值;拉应力和质点振动速度随着起爆药量的增大而显著增大;随着钢板厚度的增加,拉应力显著减小,但质点振动速度不变；随着混凝土强度等级的提高，拉应力稍微增加，质点振动略有下降。Ahmed 等[47]研究了隧道掘进工程中爆破作业对喷射混凝土的影响，建立了适用于喷射混凝土性能分析的有限元模型，该模型能描述二维应力波的传播，对于剪应力占主导地位的情况非常重要。研究认为在喷射混凝土后的最初 12h 内应避免爆破，爆破点到喷射混凝土的距离应加大。Song[48]为了解决爆破开挖带来的振动问题，将传统爆破技术与预切割工艺相结合，使得爆破产生的振动能量不通过自由面传递，而是被困在掌子面内，在掌子面内产生应力集中，使爆破效率最大化。Park 等[49]提出了一种降低隧道方向爆破振动的空气甲板方法，该方法通过在炮孔底部使用一根薄纸管达到减振的效果，并在此基础上减少每轮进尺的深度，可以达到 10%～25% 的减振预期。Bhagwat[50]监测了若干不同装药结构、延迟时间和距离的爆破对地面的振动速度，通过对标度因子与振动速度峰值之间的振动回归，建立了振动预测方程系数。Law、Ramulu、Villaescusae 等[51-53]通过监测爆破导致岩体峰值质点振动速度和多次爆破前后岩体声波波速的变化，研究了多次重复爆破荷载所致岩体的累积损伤。

（3）立井爆破振动预测模型

Xie 等[54]通过一系列现场爆破试验揭示了爆破扰动下围岩的动力响应，基于 Ambraseys-Hendron 模型和现场试验数据的回归分析，提出了两种风化花岗岩地层峰值质点振速的预测模型，并通过无量纲分析和回归分析，建立了颗粒振动主频和峰值应变率的预测模型，提出了风化花岗岩地层爆破损伤区的划分方法，有助于根据施工现场信息对损伤区进行初步预测。Xie 等[55]采用有限元方法研究了近距离爆破开挖对 C65 混凝土井壁振动损伤的影响，进一步在试验室中制作 C65 混凝土试样，在−7℃下养护，测试其弹性模量、抗压强度和纵波速度。根据观测到的混凝土井壁的应变速率，使用回归公式获得了井壁混凝土的容许动态抗拉强度。有限元模拟结果与现场实测结果基本一致，验证了数值模拟的有效性。单仁亮等[56]结合冻结立井爆破模型试验，获取冻结岩壁指定点爆破振动信号，采用 db6 小波基对爆破振动信号进行小波包分析，得到各信号不同频带能量分布，研究了高程差、等效距离对振动信号能量衰减规律的影响，利用量纲分析法建立了能量预测公式，并通过实测数据回归分析验证了其正确性。

1.1.4 立井冻土爆破施工技术研究

冻结立井高效施工需要合理的施工参数设计以及施工工艺，配套机械化作业线，并规划科学的施工组织方法，国内外研究人员针对冻结立井施工采用了多种施工技术，期望提高立井掘进效率。李新政[57]对永城煤矿深 670.5m 立井施工方法进行了研究，主要从钻眼方案、施工组织方面进行分析。臧培刚等[58]研究了冻结法掘进和支护两大施工难题，研发了井上螺旋输送混凝土系统，解决了井筒施工支护难题。边振辉[59]对混合立井成套施工进行了研究，认为井筒施工进度与井深、支护形式、马头门等有关，在施工时将 3 层吊盘与马头门整体支护模板相结合，提高了施工速度。韩涛[60]对风井进行井壁受力现场实测，获得井壁在施工期、冻结期、运行期井壁混凝土应变、钢筋受力、井壁外荷载的变化规律。徐华生等[61]通过潘三矿冻结法的井筒施工，设计冻结壁厚度为 8.6m，在冻土平均温度为−17℃时可安全通过 297～347m 深厚黏土层。李亚伟[62]为了提高岩巷爆破循环进尺并改善爆破效果，提出了一种新的爆破方案，该方案将不同阶微差掏槽和光面爆破技术相结合。于继来等[63]结合冻土爆破的施工实践，认为应根据冻土特点选择合理的钻孔机械。此外，李廷春[64]基于自由面爆破效应原理对立井掘进掏槽方式进行优化，提出采用不同深度分阶掏槽方式，确保了施工的顺利进行。Ma 等[65]进行冻结砂土光面爆破试验，得出结论：炮孔直径 35～50mm，炮孔间距 500～700mm，装药系数 0.8～1.2，且采用径向空气间隙和轴向空气垫层不耦合时爆破效果较为理想。梁为民等[66]对冻土隧道复合不耦合装药进行了研究，该装药结构能合理给予破岩所需能量。杨更社等[67-68]对立井冻结法施工进行了归纳总结，并展望了我国未来冻土施工的前景。李立峰[69-70]依托实际工程，分析了爆心距、炸药量、混凝土龄期、主频等因素对地下结构体爆破累积损伤效应的影响，综合分析了多断面爆破下累积损伤的演化规律。曾凡伟等[72-73]针对冻土掘进施工的特点，采用光面爆破的方案，优化了冻土掘进的施工工艺，缩短了施工工期，为相似工程提供了经验。为了减少冻结施工过程中的工程事故，杨国梁[74]等人采用层析分析法建立了风险评估指标，用来指导工程实践，以达到降低工程事故的目标。Zheng 等[75]针对冻结立井硬岩段采用传统掏槽技术掘进速度慢、破碎矸石体积大，以及大型装药爆破对冻结壁和冻结管影响严重的问题，采用数值模拟的方法研究了大直径空孔掏槽爆破技术，该技术可显著提高立井施工速度，并对周边孔装药和装药结构进行了优化，确保良好轮廓形成。Ma 等[76]开发了一个可视化的立井爆破质量智能评价系统，满足了现场一线作业人员客观合理评价爆破质量的实际需要，确保了立井爆破质量评价的客观性和智能性。Li 等[77]针对立井施工产生过大的岩石碎片造成出渣井堵塞的问题，提出了基于双隐层 BP（反向传播）神经网络的立井爆破最大岩石破碎度控制模型，该模型的反演分析可以快速获得所需的爆破参数，可用于指导立井施工。Zhang 等[78]针对在立井开挖过程中，爆破引起的振动会导致新浇混凝土衬砌出现微裂缝问题，开展模型试验，通过在混凝土中添加早强材料以及调整合适的爆破时机，以期降低爆破振动的影响。

目前国内外研究主要针对深度 700m 以内的冻结立井施工技术，而对于 700m 以上的超深冻结立井的施工技术研究较少，缺少对超深冻结立井整体施工的系统研究。

1.2　研究内容及技术路线

1.2.1　研究内容

目前针对地下冻结黏土爆破对大体积高强混凝土的振动响应机制的研究较少，为分析立井冻土爆破在冻结黏土中的应力波传播规律，减少爆破振动对井壁的损伤，完善该工程实践相关理论。本书以赵固二矿西风井工程为依托，拟通过现场试验、模拟试验和数值模拟相结合的方法，研究采用冻结法施工时，冻土爆破对早期高强混凝土井壁的振动响应机理及冻结黏土的振动传播。具体研究内容如下：

（1）深井冻土可爆破性与爆破振动传播规律

拟通过冻土爆破漏斗试验以及冻土爆破振动试验，分析单孔爆破与多孔爆破时爆破漏斗的最佳埋深和最佳爆破体积，确定炸药单位消耗量（炸药单耗）以及炮孔的合理布置，探究深厚黏土在冻结时的爆破作用原理；获取冻土爆破振动的传播规律，对冻土爆破振动进行小波包分析，研究冻土爆破能量在冻结黏土中的衰减规律。

（2）冻土爆破井壁振动响应现场监测

拟通过井壁的振动数据，分析爆破对井壁振动的影响。结合萨道夫斯基公式，拟合得到赵固矿区深厚表土层立井冻结爆破下的振速衰减公式；并对比岩石爆破与冻土爆破对立井井壁的振动速度随距离变化的曲线，探究冻土爆破与岩石爆破的不同之处。

（3）爆破参数对井壁振动影响的数值模拟

利用仿真软件分别进行多孔微差爆破模拟、不同掏槽药量的模拟、中空孔应力集中下的模拟及不同地应力下的模拟，分析不同影响因素对井壁振动的差异，为现场试验的不足给予补充。

（4）冻结井筒工程可靠性分析

阐明冻结井壁混凝土介质参数空间变异性与随机场统计特征，构建冻结井壁混凝土结构不确定性力学特性的随机分析模型，研发冻结井壁混凝土不确定性力学特性的随机有限元数值计算程序，揭示冻结井壁混凝土结构力学特性的随机演化规律及可靠性。

（5）立井冻土爆破模拟试验研究

针对冻土爆破进行模拟试验，分别针对含水率为10%和15%的冻土，进行单孔和多孔爆破试验，分析不同含水率冻土爆破振动的传播衰减规律，为冻土爆破方案的设计提供一定指导。

（6）超深孔冲积层立井冻结与爆破关键技术

以赵固二矿西风井工程为依托，分析超深厚冲积层立井施工难题，提出井筒冻结施工和钻爆施工关键技术，形成参数选取和施工工艺体系，对立井提升与排矸、井壁浇筑、施工组织提出技术措施。

1.2.2　研究方法

结合现场工程实际，首先通过井下冻土爆破漏斗试验，研究冻土的可爆性。同时对冻土进行振动监测，获得冻土的振动传播规律，并进一步监测冻结立井井壁振动速度大小，为下一步的研究提供可靠的实测数据；其次利用Ansys/LY-DYNA软件建立与实际工程相符的有限元模型,模拟冻土爆破对高强混凝土井壁的影响，并进行井壁振动速度与内力分析，研究冻土爆破对立井井壁的振动影响；最后进行室外模拟试验，补充不同含水率的冻土对爆破的影响，进一步完善不同因素下冻结黏土爆破对井壁的振动响应规律。

1.2.3 技术路线

研究的技术路线如图 1-1 所示。

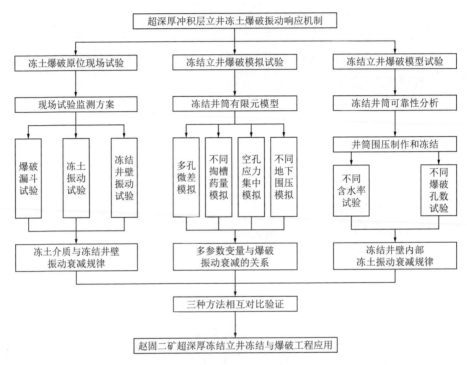

图 1-1 技术路线图

第 2 章

深井冻土爆破振动传播规律现场试验

赵固二矿西风井工程采用冻结法辅助钻爆法施工，土体在冻结后物理性质的改变对爆破效果影响非常显著。针对冻土爆破进尺小的问题，本章开展系列单孔漏斗试验、多孔同段爆破漏斗试验。结合现场冻结黏土的振动数据，分析在冻土单一介质中爆破振动的传播规律。试验结果可为冻土爆破方案设计提供参考，加快工程进度。

2.1　冻土爆破作用理论

2.1.1　冻土的爆破破碎

炸药在冻土中爆轰时，生成高温、高压和高速的冲击波和爆生气体冲击孔壁。随着爆炸冲击波远离爆破点，爆炸冲击波会逐渐衰减为应力波。在应力波到达较远处以前，炸药已经完全发生爆轰，爆生气体的超压开始作用于冻土。炸药爆破后瞬间释放能量，对炮孔周围土体作用较大的动荷载，邻近炸药处冻土产生弹性变形，塑性较小，冻土在低温下承受瞬时的压力，在爆破后爆轰气压也达到了峰值，直至超过部分冻土的强度，炸药附近的冻土被冲击进入流体状态，在炮孔周围形成一块近似流动的区域。在这个区域里，冻土被强烈压缩，并朝离开药包的方向运动，产生了以超声波速度传播的冲击波[79-80]。

冻土爆炸时所产生的高压爆轰波和高温高压爆生气体冲击孔壁，透射到周围的冻土中，形成冲击波并沿炮孔径向传播，冲击波初始能量很高，其冲击压力峰值远高于冻土的动态抗压强度，炮孔周围的冻土被极度压缩而粉碎，在炮孔周围形成粉碎区；又由于冻土具有显著塑性变形，因此引起爆腔扩胀，其扩胀量比岩石大得多。也正因为冻土发生较大的塑性变形，吸收了大部分爆炸冲击波能量，造成冲击波快速衰减，波速降低，逐渐在粉碎区边缘变为应力波。

由冲击波衰变而成的应力波继续在冻土中传播，原始冻土受压缩而扰动产生质点位移，以爆破点为中心产生层状的压缩变形，由内而外产生切向拉应力。冻土本身是由土体颗粒冻结形成的，本身所能承受拉应力较小，在弱结构面处产生的切向拉应力一旦大于本身能承受的力，就会出现拉伸破坏，形成裂纹。伴随着应力波逐渐向外传播，爆破能量降低，对冻土产生的径向拉应力峰值变小。随后爆生气体再进一步冲击裂隙，在局部空间膨胀，造成裂隙尖端应力集中，形如"气楔"般将尖端劈裂破坏，裂隙进一步扩大。以径向裂隙为主的炮孔周围区域是冻土爆破破坏的主体。在裂隙区以外，应力波衰变为地震波，地震波虽不能使冻土破坏，但高强度的地震波却能引起井筒周围井壁和冻结管的变形，甚至造成冻结管断裂[81]。

假如炮孔周围存在临空面，炸药爆炸后产生的压缩应力波还会在临空面上发生反射，在反射过程中形成拉伸应力波，造成炮孔周围的冻土拉伸和片落，进一步引起临空面周围冻土裂隙的伸长。破裂区和片落区在相向传播的压缩波和拉伸波的共同作用下，井下冻土会被逐渐割裂形成块状体。爆生气体剩余能量在冻土中释放，最终造成割裂的冻土被抛掷出去，形成冻土爆破漏斗[81]。

2.1.2 爆炸能量的传递

爆破理论和大量工程实践表明，在爆破过程中能量的释放主要分为两大部分：一是爆炸冲击波和爆炸应力波进行能量的释放，二是产生强大的爆生气体对外做功。爆炸冲击波和应力波主要消耗在炮孔周围冻土的初始扩腔，引起冻土质点产生移动，造成冻土力学性质发生变化产生裂隙；爆生气体在爆破过程中主要是形成爆炸空腔，爆破气体将块体破碎并进行抛掷。前者占炸药总能量的5%～15%，后者约占炸药总能量的50%以上[82-83]。冻土爆破能量通过介质中波的传递，爆破产生的爆轰波和爆生气体产物撞击孔壁，波从两种介质中传播，将发生反射和透射，透射到周围冻土中的能量将对其进行破碎。冻土的破碎主要与炸药产生的爆轰波和爆生气体有关，张继春等[84-85]认为对均质岩体以应力波为主，而对于整体性不好、节理裂隙发育的岩体，则以爆生气体为主。而岩体结构面对爆破的主要作用是应力集中作用、应力波反射增强作用、能量吸引作用、泄能作用、楔裂作用。

另一方面，冻土密度和纵波波速的乘积称之为波阻抗，表征着应力波在冻土中传播的阻尼大小，是反映应力波在冻土中传播性能的主要指标。当冻土的波阻抗较小时，冻土容易吸收爆破产生的能量，则对应力波传播的阻尼作用较大，不利于应力波在冻土中的传播。因此，与波速相比较，波阻抗能更好地反映出冻土的爆破性。岩石本身存在孔隙和弱结构面，这些内部缺陷的存在会使弹性波发生反射和透射，但整体来看弹性波在岩石体中传播较好。然而冻土的性质与岩石不同，冻土虽然内部没有较大的裂隙，但是冻土在冻结过程中，内部含有大量液态水，未完全冻实，冻土是由未冻水、冻土和冰三部分组成的。冻土内部有无数个介质面，因此能不断地进行反射和透射，使爆炸应力波损耗更多，对能量的吸收更大。另外，冻土的密度相较岩石要小，但塑性更强，受到爆破冲击时有更大的塑性变形。波阻抗小的冻土对爆破能量的吸收更强，因此，冻土的爆破破坏是爆炸冲击波、应力波和爆生气体的综合作用，波阻抗小的冻土，爆生气体膨胀推力造成的破坏以剪切破坏为主；波阻抗大的冻土，爆炸冲击波、应力波造成的破坏以拉压破坏为主。

考虑到井下冻土爆破相较于露天爆破有其独特性，爆破后的爆炸冲击波在井下不易快速消散，会沿着井筒向上延伸，造成爆炸应力波传播较远，对井下建（构）筑物产生损伤。井下冻结表土完整性较好，易于爆炸应力波的传播，当炸药在冻土中爆炸，一方面产生的爆生气体沿着井筒向上传播，另一方面产生的爆炸冲击波沿着井底冻土传播。井下非冻结土层的波速低、波阻抗小，应力波能量多折射到冻结土层中传播。邻近爆破点井壁混凝土与冻土紧密接触，由于其密度大、强度高、波阻抗大，承受冻土传递较多的应力波能量。综上所述，冻土中爆破的应力波传播类似于二维板块中的传播，其特点相较于岩石传播主要有：岩石爆炸应力波在半无限三维介质中传播，而冻土爆炸应力波主要在二维表土中传播，所以冻土中爆破地震波衰减慢、传播较远；岩体质地不均匀，存有弱结构面，对地震波的传播有吸收阻隔作用，而井下冻土是整体一部分，且在冻胀力作用下，冻土相互挤压达到中硬岩石硬度，波阻抗大，地震波衰减变慢。冻土层与井壁混凝土由于地下围压的存在，地震波能量传递损伤较少，地震波通过冻土传递到井壁，造成井壁结构强烈振动，在混凝土内部产生细小裂缝，造成井壁损伤。因此，在冻结法爆破凿井过程中，冻结表土的性质对井壁的振动影响是至关重要的[86]。冻土的波阻抗还与冻结温度有关，胡英国等[20]研究了严寒条件下岩体开挖爆破振动的衰减规律，发现冻结后岩体的弹性模量增加30%左右，导致冻结岩体的振动衰减变慢。

2.2　冻土物理力学参数的测定

冻土试验高程−690m（井深771m）左右，属第四系（Q）、新近系（N）地层，揭露厚度704.60m。顶部为一层10.05m厚的黄土，其下岩性主要为黏土类和砂砾石层。其中黏土类岩性以砂质黏土、黏土为主，可塑性较好，具滑感，含少量钙质结核、铝土质斑块和砾石成分（表2-1）。冻土力学性质的测试较为困难，本节关于冻土物理力学性质的数据来自焦作神龙水文地质工程有限公司和中国科学院寒区旱区环境与工程研究所提供的试验报告。

表 2-1　部分土层分布表

岩石名称	厚度（m）	深度（m）
砾石	3.80	625.55
黏土	68.15	693.70
砂质黏土	10.90	704.60
泥岩	8.95	747.85
细粒砂岩	3.55	751.40

2.2.1　单轴抗压强度

冻土的强度表征冻土抵抗压、拉、剪等应力的能力，一般情况下，冻土抗压强度越大，抵抗爆破的能力就越强，因此可以把抗压强度作为冻土爆破性能的一个指标。

冻土的单轴无侧限抗压试验在CMT5105型材料试验机上进行，加载过程实时取样。当试样的应力值下降或应变达到20%以上，结束试验，绘出应力-应变曲线（图 2-1），并将试验结果进行统计制表（表 2-2），可以看出冻土的单轴抗压强度为 6～8MPa。

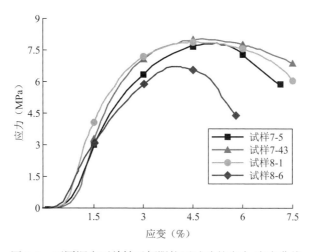

图 2-1　不同深度下单轴无侧限抗压试验的应力-应变曲线

表 2-2　冻土单轴抗压强度

取样深度 （m）	试样编号	含水率 （%）	干密度 （g/cm³）	试验温度 （℃）	单轴抗压强度 （MPa）	破坏应变 （%）
653.06～653.24	7-5	20.98	1.76		7.81	5.11
679.12～679.29	7-43	13.53	1.97	−15	8.01	6.64
700.74～700.91	8-1	13.25	2.04		7.9	6.16
704.82～704.98	8-6	12.54	2.03		6.73	4.02

从图 2-1 中可以看出，冻土应变在 1.5%～3% 时应力增加较大，在冻土多次爆破后，土体受到爆炸冲击波的扰动，产生位移变形，当达到一定变形值时，爆破产生的荷载应力不会造成土体的松动，此时应当对松动的土体进行排矸。由于地下围岩压力（简称"围压"）的存在，冻土的单轴抗压强度随着开挖深度的变化而变化。Peng 等[87]对深埋地下工程的开挖进行了爆破漏斗试验，对比无围压和有围压下的情况，得出"在无围压下爆破漏斗的形状近似圆形，有围压下为椭圆形"的结论。因此，在立井冻结法辅助钻爆法施工中需要依据不同的深度及时调整爆破方案，提高爆破效率，缩短施工工期。

2.2.2 三轴抗压强度

将试样放入三轴压力室，在试验要求的围压下固结 2h，接着按恒定的加载速率（$1.1 \times 10^{-3}s^{-1}$）对试样进行加载，同步实时采集数据，直至应力降低或应变达 25%以上结束试验。强度取值标准为：应力-应变曲线出现明显转折点时，取该点的偏应力作为三轴抗压强度，否则，取应变为 10%时的偏应力作为三轴抗压强度。试验结果见表 2-3、图 2-2。从表 2-3 中可见，扰动土的围压越大，所能承受的三轴抗压强度越小。

表 2-3 三轴抗压强度测试表

试样编号	含水率（%）	干密度（g/cm³）	围压（MPa）	三轴抗压强度（MPa）
7-51	15.08	1.99	6	10.14
7-26	16.58	1.91	8	9.73
7-46	14.87	1.94	10	9.14

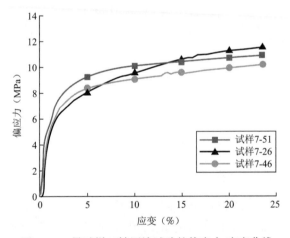

图 2-2 7 号试样三轴压缩试验的偏应力-应变曲线

综上分析，黏土在−15℃时，单轴抗压强度为 7～8MPa。加上围压后，三轴抗压强度为 9～10MPa，可见黏土在三轴压缩下的整体抗压强度得到提升，但相较坚硬岩石，其强度还远远达不到。在人工冻土爆破时，由于爆破掌子面在井下深部，四周围压大，抗压强度增大，爆腔不易形成，造成爆破效率低、工程进展慢等问题，因此应依据岩石爆破的经验，优化爆破方案，加大炸药的使用，对冻土进行多次试爆，合理地进行爆破方案的设计。

2.2.3　弹性模量及泊松比

土体的冻结温度受含水率、土质及含盐量等因素影响。一般情况下，含水率越大，冻结温度越高；砂性土的冻结温度比黏性土的冻结温度高；含盐量越大，冻结温度越低。土在冻结过程中，原有水分以及由未冻区向冻结区迁移的水分，不断地冻结成冰，引起土颗粒间相对位移，使土体体积膨胀，称之为土的冻胀。王贺[88]认为在冻胀过程中不仅温度对冻胀系数有影响，土的泊松比也有重要影响。冻土的爆破与岩石的爆破有很大不同，其力学性质受温度的影响较为显著。黄星等[89]认为动弹性模量E_d和动剪切模量G_d随温度的降低而升高，它们之间呈非线性函数变化的关系，泊松比随温度的降低，也呈现降低的趋势。本次爆破漏斗试验主要关注$-15°C$温度下的黏土性质，其弹性模量和泊松比见表 2-4。

表 2-4　弹性模量及泊松比

试样编号	含水率（%）	试验温度（℃）	弹性模量（MPa）	泊松比
7-5	20.98		328	0.28
7-43	13.53	−15	339	0.29
8-1	13.25		355	0.27
8-6	12.54		306	0.25

■ 2.3　冻结黏土爆破漏斗试验

立井冻土爆破施工技术在矿井建设中的应用十分广泛，由于冻土的物理性质不同于岩石，关于冻土爆破理论的研究目前十分有限。宗琦等[90]提出了一种大量破碎冻土的爆破方案，该方案主要是增大炮孔间距、减少炮孔数和降低炸药消耗量来优化冻土爆破效率，因此爆破方案的设计对爆破掘进速度有极大的影响。例如，在赵固二矿西风井项目中，眼深 3m，炸药单耗 1.31kg/m³，前期进尺 3m 左右，后来由于下层土冻结时间更长、自重应力变大等原因，进尺缩短为 2m，掘进效率较低，这时候就需要结合实际对爆破参数进行优化，提高施工效率。

另外，爆破漏斗是冻土爆破破坏的基本形式，研究爆破漏斗对工程实践具有显著的指导意义。从集中药包爆破漏斗理论，再到延长药包爆破漏斗的研究，与爆破的几何相似法则和经验性的药量体积公式相结合仍作为爆破参数确定的主要方法[91]。在爆破漏斗研究方面，王以贤等[92]利用相似比理论进行煤体的爆破漏斗试验，研究了其爆破参数。杨红兵[93]基于中深孔爆破漏斗试验，为无底柱分段崩落法的实践提供了一定经验。随着工程开挖深度的增加，吴春平等[94-95]开展了深部岩石爆破漏斗试验并获得一些爆破参数，指导深部岩石爆破方案的设计。

本节通过冻土爆破漏斗试验获得最佳爆破漏斗半径和最佳抵抗线等参数，为爆破参数设计提供参考。

2.3.1 爆破漏斗依据

在爆破漏斗理论研究中，最具有工程应用价值的是利文斯顿爆破漏斗理论。它利用最小二乘法拟合爆破漏斗体积V_1-药包中心埋深L和爆破漏斗半径R_1-药包中心埋深L的多项表达式，进而获得最佳爆破药包中心埋深、爆破漏斗体积及最佳爆破漏斗半径。

在冻结立井井下进行现场探究试验，根据单孔爆破获得最佳埋深，以不同孔间距进行多孔段爆破试验，通过现场爆破试验获得的数据，可以推导出不同情况的爆破参数[96-97]。

2.3.2 单孔爆破漏斗试验

试验土层为砂质黏土，多为灰白色，胶结程度高，含大量钙质结构，较硬；冻结地层复杂、冻土打眼困难。爆破采用伞钻配改装后的 MQT-150 型气动锚杆钻机机头，使用麻花钻杆进行钻眼施工。本试验选用 T220-nd 型抗冻水胶炸药（−25℃），依照炸药产品说明，其密度为 950～1200kg/m³，爆速大于 3600m/s，每个炮孔装药量均为 0.175kg，采用正向装药结构。试验在高程−690m 左右的井底进行，试验过程如图 2-3 所示。

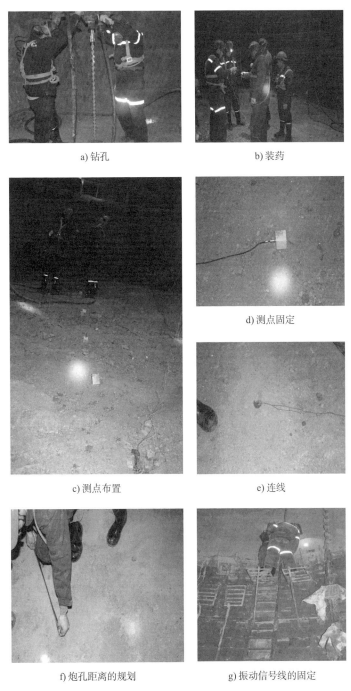

a) 钻孔　　　　　　　　　　　　b) 装药

d) 测点固定

c) 测点布置　　　　　　　　　　e) 连线

f) 炮孔距离的规划　　　　　　　g) 振动信号线的固定

图 2-3　赵固二矿井下爆破漏斗试验过程

为获得一定药量下爆破漏斗最佳抵抗线，根据现场的地形，本研究设计了

两次单孔爆破漏斗试验。两组试验并不是一次完成，第一次属于摸索试验，第二次在第一次基础上进行。第一次炮孔直径 45mm，各孔深度均大于 50cm，每个炮孔放半卷炸药。第一次试验效果不理想，炸药爆破后，形成的只有空腔（图 2-4），而没有形成典型爆破漏斗。

第二次爆破试验选取 4 组单孔爆破，研究不同孔深下炸药的爆破作用效果。基于第一次爆破的经验，单孔爆破孔深分别设置为 0.5m、0.45m、

图 2-4 爆破形成的空腔

0.4m、0.35m，炮孔间距以爆破作用互不影响为前提。炮孔分布如图 2-5 所示。

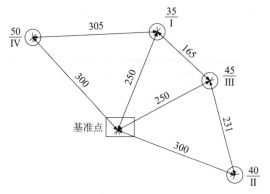

图 2-5 单孔爆破漏斗试验炮孔分布示意图（尺寸单位：cm）

单孔爆破漏斗试验炮孔编号分别为I～IV，I～IV号炮孔试验结果见表 2-5。

表 2-5 赵固二矿西风井冻土爆破漏斗试验结果

孔号	孔深L（m）	漏斗半径R_1（m）	漏斗深度L（m）	漏斗体积V_1（m³）	炸药单耗q（kg/m³）
I	0.35	0.175	0.2	0.0064	0.04276
II	0.4	0.4	0.36	0.0653	0.435333
III	0.45	0.4	0.4	0.0670	0.44680
IV	0.5	0.25	0.5	0.0003	0.00218

采用最小二乘法原理，对试验数据进行三次项回归，最终得到爆破漏斗体积V_1-孔深L和爆破漏斗半径R_1-孔深L的多项表达式为：

$$V_1 = -81333L^3 - 2.36L^2 + 6.4183L - 1.6022 \qquad (2\text{-}1)$$

$$R_1 = 100L^3 - 165L^2 + 86L - 14 \qquad (2\text{-}2)$$

式中：V_1——试验条件下的单孔爆破漏斗体积（m³）；

$\quad\quad R_1$——试验条件下的单孔爆破漏斗半径（m）；

$\quad\quad L$——试验条件下的孔深（m）。

根据试验结果数据，作出V_1-L、R_1-L之间的特征曲线图，见图 2-6，并由以上两拟合曲线，求得试验条件下单孔爆破漏斗的最佳爆破参数为：最佳炮孔深度$L = 0.425$m；最佳爆破漏斗体积$V_1 = 0.075$m³；最佳爆破漏斗半径$R_1 = 0.438$m。

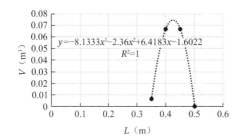 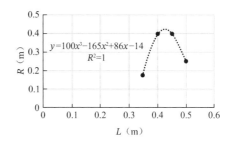

图 2-6　爆破漏斗试验V_1-L、R_1-L特征曲线

最佳炸药单耗可通过炸药量Q与爆破漏斗的体积V_1计算得出：

$$q = Q/V_1 = 0.175/0.075 = 2.33\text{kg/m}^3 \qquad (2\text{-}3)$$

2.3.3　多孔同段爆破漏斗试验

多孔同段爆破是同时起爆多个炮孔炸药的一种爆破方式，它可节约爆破时间，加快工程进度，因此在单孔爆破漏斗的基础上，为提高爆破效率，本研究进行了多孔同段爆破试验。多孔同段爆破漏斗试验同样在高程−690m 左右的井底完成，试验分为掏槽孔爆破与周边孔爆破。药卷规格皆为ϕ35mm × 300mm × 0.35kg，掏槽孔与周边孔炮孔直径均为 50mm，每个炮孔药量为 0.175kg。炮孔分布示意如图 2-7 所示。

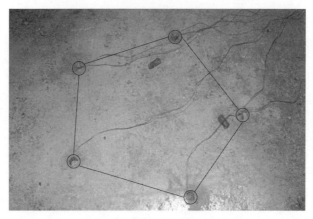

图 2-7　掏槽孔试验炮孔示意图

掏槽孔爆破效果试验：近似呈正五边形分布，孔深取 $L = 45$cm，稍大于最佳孔深。宗琦等[98]认为孔距在 $500 \sim 700$mm 较为合理，这里取 $500 \sim 530$mm。

掏槽孔效果：形成一个漏斗，$\phi_{max} = 190$cm，$\phi_{min} = 170$cm。爆破漏斗体积 $V_1 = 0.382$m³，炸药单耗 $q = 2.29$kg/m³。比单孔爆破炸药单耗略小，说明应力波反射和叠加对裂缝的贯穿有重要的影响。

周边孔爆破效果试验：依次沿直线布置 5 个炮孔，各孔深度一致，装药量一致，具体布置见图 2-8。

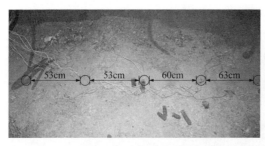

图 2-8　周边孔试验示意图及预留光面爆破面（简称"光爆面"）

孔深 $L = 0.45$m，炮孔间距 a 根据经验宜取 $8 \sim 12$ 倍炮孔直径或根据式(2-4)计算[73]。

$$a = 2R_k + pd_b/\sigma_t \tag{2-4}$$

式中：R_k——每个炮孔产生的裂纹长度（m）；

　　　p——爆生气体充满爆孔体积时的静压力（MPa）；

d_b——炮孔半径（mm）；

σ_t——冻土动抗拉强度（MPa）。

最终根据试验现象可以观察到，周边孔炮孔间距为 60cm 时，爆破松动效果较好，同时多孔同段爆破漏斗试验土块破碎程度比单孔爆破漏斗要好。

2.3.4　爆破漏斗试验结果验证

依据单孔爆破下的最佳炮孔深度、最佳爆破半径对炮孔进行布置，同时参考多孔爆破掏槽孔的炸药单耗进行单孔试验。并通过炮孔布置间距的调整，验证周边孔爆破的合理布置，试验结果如图 2-9 所示。

a) 爆破漏斗直径　　　　　　　　　　　　b) 爆破漏斗抵抗线

图 2-9　单孔爆破漏斗形状大小

从试验结果可看出：装药 0.175kg 时，单孔爆破漏斗形状半径为 40cm，爆坑深度为 35cm，已经初步具有爆破漏斗的形状，爆破效果较好。与二次项拟合得出的最佳抵抗线和最佳爆破半径相近，验证了拟合结果的准确性。

图 2-10 展示了周边孔爆破贯穿效果，周边孔爆破间隔为 60cm 时，炮孔之间可以完全贯穿，形成较为整齐的断裂面，较好地控制爆破的轮廓大小。

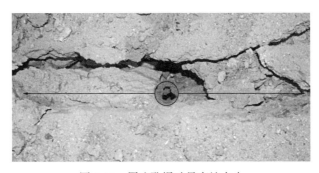

图 2-10　周边孔爆破贯穿缝大小

2.3.5　试验结果分析

（1）单孔爆破漏斗试验炸药单耗q较高，为 2.33kg/m^3，其主要原因是克服冻胀力形成断裂面所需要的能量较高。蒋复量等[99]认为：q值在实际工况中随崩断面的减小而增大，随自由面的增加而减小，需要根据试验初定q值，再进行其他参数的调整，增大进尺深度。

（2）光面爆破是立井施工中常用的爆破方法，本研究通过掏槽孔爆破试验，确定了掏槽深度和孔距。周边孔孔距是光面爆破的关键，取 60cm 时，爆破断面平整且无超挖欠挖现象。

2.4　冻土爆破振动监测试验

立井冻土单一介质爆破振动传播规律的研究较少，尤其是应力波在冻结黏土中的传播。本节以赵固二矿西风井冻结爆破掘进为背景，在深部高程−690m处开展冻结黏土爆破试验，分析爆破振动在冻土中的传播规律，并结合小波包分析得到振动时的能量分布特征，以期指导深井冻结黏土爆破的工程实践，保证周围冻结管和已浇筑井壁的安全。

2.4.1　冻结黏土爆破监测

试验炮孔孔径设计为 50mm，采用水胶炸药，药卷长度为 320mm，每孔半卷炸药。相邻炮孔设计间距不小于 1.8m，炮孔深度按 0.05m 逐渐增大，最浅炮孔深度为 0.35m，最深炮孔深度为 0.50m，共布置了 4 个炮孔、5 个振动传感器。炮孔编号为I～IV，传感器的测点位置依次为A、B、C、D、E。

炸药的爆破作用理论和大量的现场爆破表明，炸药爆破产生冲击波和地震波，二者引起的振动是对周围岩土体产生破坏作用的重要因素。而振动速度的大小与其破坏程度是正相关的，常把爆破振动速度作为当前国内外爆破振动效应和爆破安全控制监测的标准。结合国内爆破振动标准，本次试验将垂直、水平径向和水平切向 3 个速度分量作为试验参量。

测试前，将爆破振动传感器安装在选定的测点位置，第一个测点布置在距

离炮孔 250cm 的位置，每个测点相距 125cm，最后一个测点距离井壁内缘
180cm，仪器测点与爆点径直方向为X，切向方向为Y，垂直方向为Z。测点传感
器的布置示意如图 2-11 所示。

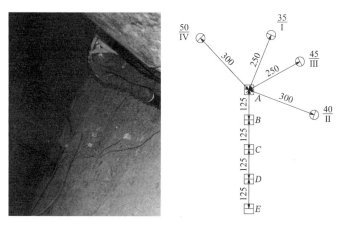

图 2-11　测点传感器的布置（尺寸单位：cm）

2.4.2　冻土爆破振动速度的传播分析

在进行冻土单孔爆破试验的同时，完成了爆破振动测试，图 2-12 为爆破后
冻土的松动爆破效果。

图 2-12　冻土爆破效果图

4 个炮孔中，I号炮孔爆破引起的振动速度最大，且振动具有规律性；II号
和IV号炮孔振动速度较小，且振动速度无规律；III号炮孔的垂直速度曲线跳跃
较大，无规律。因此，把I号炮孔作为典型爆源，对各测点的监测结果进行分析。
其中测距R利用余弦公式计算得出，三向振动速度取振动时程中的最大值，监测
结果见表 2-6。

表 2-6　监测数据

测距（m）	径向速度（cm/s）	切向速度（cm/s）	垂向速度（cm/s）	合速度（cm/s）
3.000	5.865	5.520	14.162	14.550
3.983	3.661	2.433	3.659	17.971
5.085	3.425	0.626	3.583	4.021
6.243	1.743	2.520	3.665	3.726
7.430	1.420	1.477	2.240	2.789

从表 2-6 中可看出，大多数测点的三向振动速度符合 $\upsilon_Z > \upsilon_X > \upsilon_Y$ 的规律，说明了爆炸应力波在井下冻土中的传播，主要是沿某个特定方向。单仁亮等[30]在对冻结岩壁的振动速度研究中，也得出岩体振动方向具有明显差异性，说明了冻土和岩石爆破的振动速度传播均具有方向的差异性。对于爆破振动速度，在我国普遍使用萨道夫斯基公式进行计算[100]：

$$\upsilon = K\left(Q^{1/3}/R\right)^{\alpha} \tag{2-5}$$

式中：K、α——相关衰减系数，爆破中心至计算保护对象间的地形、地质条件有
　　　　关的系数和衰减指数，可按《爆破安全规程》（GB 6722—2014）
　　　　对爆区不同岩性的 K、α 值的选取，或通过现场试验确定[100]。

当炸药量为 0.15kg，则：$Q^{1/3} = \sqrt[3]{0.15} \approx 0.53\text{kg}$，那么萨道夫斯基公式为：
$\upsilon = K(0.53/R)^{\alpha}$。

将数据载入到 Origin 软件中，利用 Origin 中的自定义拟合函数进行拟合，可以得到 K 和 α 值，拟合的曲线如图 2-13 所示，拟合结果见表 2-7。

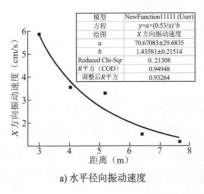

a) 水平径向振动速度

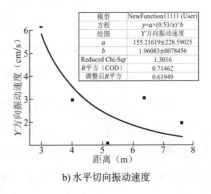

b) 水平切向振动速度

图　2-13

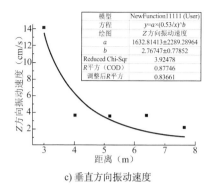

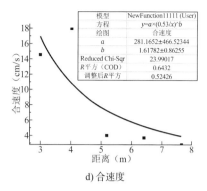

c) 垂直方向振动速度　　　　　　　　　　d) 合速度

图 2-13　各振动速度拟合曲线

表 2-7　K 和 α 拟合结果

回归系数	径向振动速度	切向振动速度	垂向振动速度	合速度
K	70.7	154.8	1629	281.3
α	1.436	1.959	2.766	1.618

曲线拟合程度：径向、切向、垂向以及合速度方向的 R^2 分别为 0.9495、0.7146、0.8775 和 0.6431，相关性较好，其中径向相关性是最好。将拟合得到的 K、α 值代入萨道夫斯基公式，得到各分量及合速度的拟合公式：

$$v_X = 70.7\left(\sqrt[3]{Q}/R\right)^{1.44} \tag{2-6}$$

$$v_Y = 154.8\left(\sqrt[3]{Q}/R\right)^{1.96} \tag{2-7}$$

$$v_Z = 1629\left(\sqrt[3]{Q}/R\right)^{2.77} \tag{2-8}$$

$$v_u = 271.3\left(\sqrt[3]{Q}/R\right)^{1.62} \tag{2-9}$$

由于传感仪距离爆破点较近，且传感仪是插入土体中的，爆破后垂直方向上受到的冲击大，振动信号的采集出现了失真，导致拟合后的 K、α 过大。但其他两个方向上拟合较为正常，可为冻土爆破振动传播衰减提供一定的借鉴。《爆破安全规程》（GB 6722—2014）中对爆破频率超过 50Hz 的巷道振动速度规定不能超过 30cm/s，将 30cm/s 作为振动速度控制值代入拟合公式，在一定药量下可以计算出安全距离R，根据R的取值，合理布置冻结管和立井井壁的浇筑位置。

2.5　冻土爆破振动信号的小波包分析

近年来冻土爆破振动信号的小波包分析在工程中不断应用，林大超等[101]研究发现小波包分析不仅能给出爆破振动能量在不同频率范围内的相对分布规律，还可以给出不同频率带上振动分量的分布和实际衰减规律，在工程实践中的应用越发广泛。杨仁树等[29]通过小波包算法对井壁爆破振动进行了监测及数据分析，分析表明：井壁振动信号主频较地面要高，井壁振动信号的频率与振幅和能量密切相关。付晓强等[102,104]在小波信号分析和原有理论的基础上，通过对立井爆破振动信号进行雷管微差识别的研究，减小了对井壁振动的影响。并进一步引入多重分形去趋势分析的方法，获得冻结立井爆破的信号特征。Ma 等[105]通过引入多尺度置换熵（MPE）来建立 CEEMD-MPE-HT（希尔伯特变换）的时频分析模型，用于分析爆破地震信号的时频特性，克服了传统经验分解方法不能在嘈杂地震监测信号中提取准确的信号时频特性。单仁亮等[30]对冻结基岩爆破振动信号进行了小波包分析，获得了爆破振动信号在高频衰减快，低频部分衰减慢的规律。通过相似模拟试验建立冻结立井模型，通过采集到的振动数据，得到了冻结壁的速度衰减规律和频率衰减特性。进而得出了冻结岩壁损伤具有明显的累积效应，炮孔附近岩体的损伤因子大于其他部位[31,106]。目前关于立井冻土单一介质爆破振动方面的研究较少，本小节利用小波包分析法对冻土爆破能量的衰减进行分析。

2.5.1　小波包的分解尺度

小波包分析是基于小波分析发展而来的，根据信号特性和分析要求自适应地选择相应频带与信号频谱，是比小波分解更为精细的一种分解方法[107]。爆破振动信号进行小波包分析时，最优分解层数的确定依据信号分析的特征和振动记录仪的最小工作频率来确定[108]。监测仪器为 TC4850 爆破测振仪，其最小工作频率为 5Hz，由于爆破振动信号的频率一般集中在 200Hz 范围以内，根据采样定律[109]，设置信号的采样频率为 16kHz，其奈奎斯特频率为 8kHz。根据小波包分析的原理将信号分解到 8 层，共有 2^8 个小波包，则其对应的最低频段为 0～31.25Hz。

2.5.2　小波基的选择

小波基的选择在爆破振动信号分析中是至关重要的，不同的小波基会导致分析结果千差万别。Daubechies 小波系列（db 小波）具有良好的紧支撑性、光滑性以及对称性[110]。根据算法进行 matlab 编程，用 db5～db10 的小波基对 A 测点的振动信号进行 8 层小波包分解与重构，得出重构误差，见表 2-8。

表 2-8　小波重构误差

dbN	db5	db6	db7	db8	db9	db10
误差值（10^{-18}）	7.35	4.63	9.07	22.5	−118.8	−58.6

从表 2-8 可以看出，db6 小波基对应的重构误差较小，因此选用 db6 对振动信号进行小波包分解。

2.5.3　各频带能量的表征

依据小波分析原理将振动信号分解至第 8 层，设 $S_{8,j}$ 所对应的能量为 $E_{8,j}$，则有：

$$E_{8,j} = \int |S_{8,j}(t)|^2 \, \mathrm{d}t = \sum_{k=1}^{m} |x_{j,k}|^2 \tag{2-10}$$

式中：$x_{j,k}\left(j = 0,1,2,\cdots,2^i - 1;\ k = 1,2,\cdots,m\right)$——重构信号 $S_{8,j}$ 的离散幅值。

设被分析振动信号的总能量为 E_0，则有：

$$E_0 = \sum_{j=0}^{2^8-1} E_{8,j} \tag{2-11}$$

各频带能量的百分比 E_j 为：

$$E_j = E_{8,j}/E \times 100\% \tag{2-12}$$

式中，$j = 0,1,2,\cdots,2^8 - 1$。

通过计算爆破振动信号经小波分解后信号总能量和不同频带能量所占百分比，来分析冻土爆破振动信号在传播过程中的能量分布。

2.5.4 爆破振动能量的回归分析

爆破振动能量的衰减过程极其复杂，李洪涛等[111]将单段、多段爆破最大药量与总药量视为定值，推导出爆破振动能量衰减公式。该公式在应用研究中，取得了积极的成果。但由于药量定值的限制，还存在一定误差。单仁亮等[56]利用量纲分析法推导出的公式，较好弥补了这个缺点。本节参考单仁亮等[56]的研究成果，将岩石爆破振动参数转换为冻土爆破参数进行研究。该公式将能量E_0与等效药量Q、弹性模量E、密度ρ联系起来，具体见式(2-13)。

$$f(E_0, Q_1, R, E, \rho) = 0 \tag{2-13}$$

将式(2-13)进行简化后得：

$$E_0 R^{-3} = K\varphi\left(Q_1^{1/3}/R\right) \tag{2-14}$$

式中：K——与冻土的密度、弹性模量有关的参数。

结合萨道夫斯基公式，爆破振动能量衰减公式简化为：

$$E_0 R^{-3} = K\left(Q^{1/3}/R\right)^{\alpha} \tag{2-15}$$

根据式(2-15)编写拟合函数，利用 Origin 求解的总能量值，进行数据的拟合。以径向为例，拟合曲线如图 2-14 所示，拟合回归系数见表 2-9。

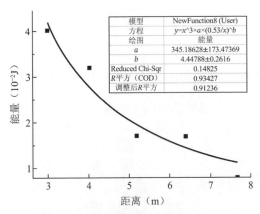

图 2-14　冻土爆破能量衰减回归曲线

表 2-9　能量衰减拟合系数

方向	K	α	相关系数
径向	345	4.45	0.93
切向	96.35	3.95	0.37
垂向	11037	4.87	0.87

从表 2-9 中看，径向、垂向上的拟合相关系数达到 0.8 以上，相关性较高，切线方向上的相关性较差。表中各方向 α 均大于 3，说明了各方向上的冻土爆破能量随距离的增加呈衰减趋势。

2.5.5　冻土爆炸应力波能量的传播与衰减

根据冻土爆破振动试验所测得的振动信号总能量，绘出不同测点处的振动能量分布图。从图 2-15 中可以看出爆破作用下各点振动能量随测点距离的变化。

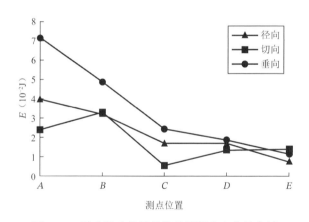

图 2-15　爆破振动信号总能量随测点变化的曲线

由图 2-15 可以看出，立井冻土爆破振动信号与测点环境、爆破距离有关。由于测点距离爆点距离仅为 3～7.43m，炸药爆破后能量首先沿冻土传递到 A 测点。随着距离的增加，能量在冻土中逐渐耗散，导致传递到 E 测点时，能量已经较之前大大降低了。虽然在 C 测点处 Y 方向的总能量突然下降，但总体曲线呈现出由 A 测点向 E 测点逐渐衰减的过程。此外，从图中三个方向上的总能量变化曲线中可以看出，在 0～6.243m 以内三个分量上的总能量呈现出 $E_Z > E_X > E_Y$ 的规律，从另一个方面说明了立井冻土爆破能量的传播是从内到外的径向传播。

为分析不同方向上的冻土能量占比分布，了解冻土能量的扩散规律，下面以A测点为例，选取0～500Hz的能量，分析冻土爆破三个方向上的能量占比分布规律，如图2-16所示。

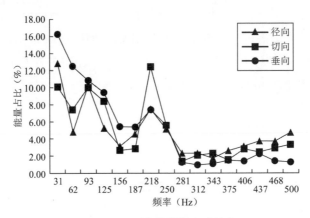

图 2-16   A测点的能量衰减趋势

由图2-16可以看出：能量处于0～187Hz范围内时，能量占比急剧下降；当能量在218Hz左右时，其占比又有所回升；能量处于218～250Hz范围内时，能量发生了剧烈衰减，之后一直保持平稳的衰减状态。可以发现此次爆破振动信号能量的变化是在高频段衰减快，但是波动很大；低频段衰减慢，但是稳定。在高频段，能量先急剧下降，然后会频繁波动、有所回升，之后达到峰值，最后能量一直衰减。从能量占比来看，冻土爆破振动能量主要集中在0～250Hz。在低频段切向分量能量占比大，而在高频段径向分量能量占比较大。张广辉等[112]对循环加载下冲击倾向性煤能量耗散进行了研究，从能量的角度发现耗散能同样呈现先迅速降低，后缓慢增长的趋势。

依据式(2-12)对五个测点的能量占比进行求解，作出各点在不同频率的能量占比柱状图，如图2-17所示。

从图2-17中可以看出：径向和切向两个方向的能量占比主要集中在250Hz以内；而各个测点的能量占比趋势是先逐渐减小，然后在125Hz左右增加，在218Hz处达到顶点，然后呈波动衰减，向低频段移动。虽然个别测点存在能量波动较大的现象，与爆破现场不稳定有关。值得关注的是轴向能量变化趋势较径向和切向更为明显，变化更大。即下降比径向和切向更快，突增也比径向和切向更为明显，在高频段的频率占比也较大，易引起共振现象。

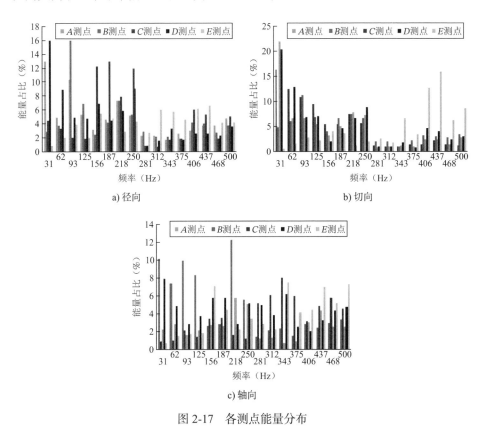

a) 径向

b) 切向

c) 轴向

图 2-17　各测点能量分布

2.6　本章小结

本节首先依据现场实际地质情况进行爆破漏斗试验,确定出了最佳抵抗线、炸药单耗及周边孔孔距等爆破参数。其次，开展冻结黏土爆破试验，分析爆破振动在冻土中的传播规律，并结合小波包分析得到振动时能量分布特征。主要结论如下：

（1）单孔爆破试验表明，冻土爆破漏斗体积总体较小，炸药单耗为 2.33kg/m³。通过单孔爆破漏斗试验，在一定药量下得到了冻土爆破的炸药最佳埋深为 0.425m、最佳漏斗半径为 0.438m、最佳爆破漏斗体积为 0.075m³。

（2）单孔爆破与多孔爆破相比较，后者爆破更为有效率，炸药单耗量更小。在一定药量下周边孔间距离 60mm 时，冻土爆破断面平整无超欠挖。

（3）深井冻结黏土爆破时，振动信号能量在高频段波动较大但衰减快，低频段相对平稳且衰减缓慢。在高频段，能量首先急剧下降，然后出现频繁波动，达到峰值后一直衰减。轴向的能量变化趋势较于径向和切向更为明显，变化更大，下降速率比径向和切向更快，突增也比径向和切向更为明显。运用量纲分析法对冻结黏土爆破能量信号进行回归分析，得出了冻结黏土爆破各方向上的能量衰减规律。

（4）冻结黏土爆破各向振动速度存在一定差异，垂向振动速度 v_Z > 径向振动速度 v_X > 切向振动速度 v_Y，冻土爆破后应力波的传播主要是沿某个特定方向。运用萨道夫斯基公式对单一冻结黏土介质爆破振动速度进行了拟合，获得了冻结黏土爆破的萨道夫斯基拟合公式。

第 3 章

冻土爆破井壁振动监测现场试验

▧ 3.1　工程概况

3.1.1　地质条件

赵固二矿井田属第四系、新近系全掩盖区，揭露厚度 704.60m。顶部为一层 10.05m 厚的黄土，其下岩性主要为黏土类和砂砾石层。其中土体以砂质黏土、黏土为主，可塑性较好，具有光滑感，含少量钙质结核、铝土质斑块和砾石成分。黏土类共计 45 层，总厚度 620.34m，占该系地层总厚度的 88.04%。砂砾石层共计 15 层，主要由细、中、粗砂及砾石层组成，砾石成分主要以灰岩砾为主，占该系地层总厚度比例为 10.53%，与下伏地层呈角度不整合接触。

3.1.2　立井设计方案

井筒位于辉县市占城镇北小营村，井筒设计净直径 6.0m，井口设计绝对高程+81.0m，井筒落底绝对高程−821m，井筒设计深度 914m（包括井底水窝），其中井筒穿过表土层厚度为 704.6m，冻结深度 783m。井壁厚度 800~1950mm；设计 5 次变径，分别位于−190m、−298m、−420m、−532m、−720m，各截面井筒技术特征见表 3-1。冻结段采用双层复合井壁结构，内、外层井壁中间铺设塑料夹层，外层铺设泡沫板，基岩段为单层井壁结构，井壁结构设计最高强度等级为 C100 高强度混凝土。

表 3-1　赵固二矿西风井井筒技术特征表

截面序号	深度（m）	井壁厚度（mm）		强度等级		直径（mm）
		内壁	外壁	内壁	外壁	
1-1	0~190	450	450	C50	C50	7800

续上表

截面序号	深度（m）	井壁厚度（mm）		强度等级		直径（mm）
		内壁	外壁	内壁	外壁	
2-2	190～298	600	600	C60	C60	8400
3-3	298～420	800	700	C75	C75	9000
4-4	420～532	800	900	C80	C80	9400
5-5	532～590	950	1000	C80	C80	9900
6-6	590～640	950	1000	C90	C90	9900
7-7	640～680	950	1000	C95	C95	9900
8-8	680～720	950	1000	C100	C100	9900
9-9	720～752	950	800	C100	C80	9500
10-10	752～767	950	800	整体浇筑 C90		9500
11-11	767～797	1000		C60		8000
12-12	797～892	800		C50		7600

3.2 立井冻结黏土爆破监测方案

3.2.1 冻结黏土爆破方案

冻结黏土爆破采用直眼掏槽、分段毫秒延时的光面爆破方式，炸药为 T-220nd 岩石水胶炸药，电雷管起爆。由于冻结土层坚硬，钻孔时孔内热融为塑冻状态或融化状态，采用一般冲击钻时孔内碎屑不易吹出[86]。现场采用 SJZ-6.7 伞钻，配合麻花钻杆、Y 字钻头钻眼。自井筒中心依次打眼 7 圈，分别为掏槽孔、辅助掏槽孔、辅助孔和周圈孔。掏槽孔孔深 3.2m，其他辅助掏槽孔和辅助孔深度均为 3m。掏槽孔距 650mm，辅助掏槽、三圈、四圈、五圈孔距控制在 500mm 至 900mm，六圈孔控制在 700mm，掏槽孔至辅助掏槽孔圈距控制在 800mm。各炮孔封泥长度均不少于 1m。采用反向装药，总装药量为 256.90kg，总共炮孔数 180 个。

采用电雷管并联方式起爆，掏槽孔和辅助掏槽孔采用 1 段，辅助孔三和辅助孔四采用 3 段，辅助孔五和六采用 4 段，周边孔采用 5 段，炮孔布置如图 3-1 所示，具体爆破参数如表 3-2 所列。

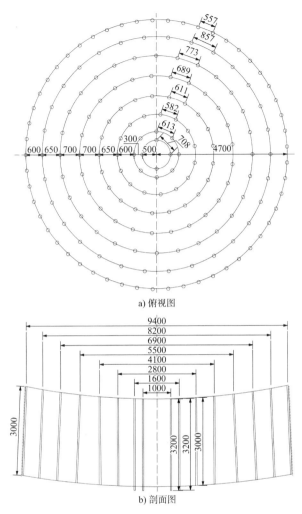

a) 俯视图

b) 剖面图

图 3-1　炮孔布置图（尺寸单位：mm）

表 3-2　爆破参数表

炮孔名称	炮孔序号	孔数（个）	圈径（mm）	孔深（m）	孔距（mm）	倾角（°）	装药量		雷管段号
							卷（孔）	每圈（kg）	
中空孔	—	4	1000	3.2	708	90	—	—	—
一级掏槽	1～8	8	1600	3.2	613	90	4	11.20	1
二级掏槽	9～23	12	2800	3.0	582	90	4	16.80	1
辅助孔三	24～44	26	4100	3.0	611	90	4	36.40	3
辅助孔四	45～69	26	5500	3.0	689	95	5	45.50	3

续上表

炮孔名称	炮孔序号	孔数（个）	圈径（mm）	孔深（m）	孔距（mm）	倾角（°）	装药量		雷管段号
							卷（孔）	每圈（kg）	
辅助孔五	70～97	31	6900	3.0	773	94	5	54.25	4
辅助孔六	98～127	37	8200	3.0	857	93	5	64.75	4
周边孔七	128～180	40	9400	3.0	557	90	2	28.00	5
合计		184						256.9	

3.2.2 监测方案

此次试验重点对 −654.7m、−657.58m、−660.50m、−663.84m 处的混凝土井壁进行振动监测，爆破对象为冻结黏土。该范围内地层黏土厚度达到 14.35m，便于多次监测获得多组数据。现场试验从 2019 年 1 月 17 日到 1 月 27 日共获得 6 次有效数据。

监测仪器采用 TC-4850 爆破测振仪配合三向振动速度传感器，垂直 Z 向保持与水平面垂直，X 方向与井壁切向一致，Y 向垂直于井壁。沿轴线方向每 3m 布置一个测点。混凝土井壁强度较高，为安全便捷地固定传感仪，在混凝土浇筑前预留孔洞，待浇筑完成后将传感仪固定在洞中（图 3-2），传感器布置点如图 3-3 所示。各测点与掌子面的距离依次为：12.68m、16.02m、18.94m、21.82m，由下到上依次编号 1 号、2 号、3 号、4 号，随着开挖掌子面的深入，记录每次距离的变动。

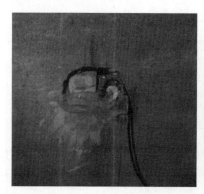

图 3-2　传感器的固定

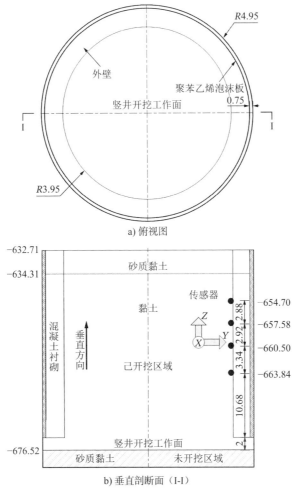

a) 俯视图

b) 垂直剖断面（I-I）

图 3-3　测点布置方案（单位：m）

3.3　井壁爆破振动传播衰减特征

3.3.1　监测数据

考虑《爆破安全规程》（GB 6722—2014）[100]中仍以爆破振动速度作为主要控制指标，本试验以振动速度为研究对象对数据进行详尽分析，首先进行了 6 次试验获得现场数据，其次对于振动速度波形分析，取立井开挖掌子面 −676.52m 处，监测点在 −663.84m 处测得的合速度曲线如图 3-4 所示。

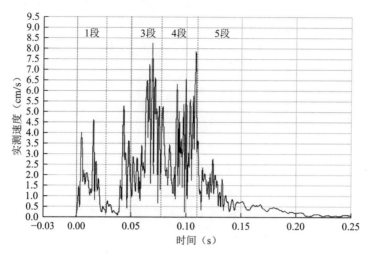

图 3-4　实测合速度时程曲线

矿井爆破作业中，使用煤矿毫秒延时电雷管时，从起爆到最后一段电雷管的延时时间不应超过 130ms，电雷管段数一般使用 5 段雷管。在赵固二矿爆破施工时，每一段雷管的起爆间隔为 25ms。由图 3-4 可以看出，合速度时程曲线各段波形区分明显，有较明显突出波峰，分别对应于不同段爆破引起的井壁最大振动速度。总体比较 1、3、4、5 各段振动速度，其最大振动速度发生在 3 段辅助孔爆破，为 8.39cm/s，距离井底爆破工作面 12.68m。由于跳段使用 1 段、3 段、4 段、5 段雷管，没有出现明显的振动峰值叠加现象，表明爆破分段是合理的。1 段、3 段爆破波形彼此无干扰，振动速度取决于每段药量的大小。从合速度曲线图中可以分辨出 3 个明显波峰，对应的时刻分别为 0.01s、0.06s、0.10s。这三个峰值点分别对应于 1 段、3 段、4 段爆破振动速度，而 5 段药量较小，引起井壁振动不明显。1 段爆破振动波形时间范围为 0～0.02s；3 段药持续时间较久，在 0.04～0.08s 内；4 段药造成爆破波形时间范围为 0.08～0.12s。马芹永[113]在立井直眼掏槽微差爆破试验中，得出 1 段、2 段药易出现叠加现象，而本次没有用 2 段药，从振动曲线上看效果较好，波峰清晰，无叠加。

图 3-5 为爆破振动三向速度时程曲线，整个爆破过程均在 130ms 内结束，且各段之间振动波形区分明显，未产生波形叠加现象。从图 3-5 中可以看出，1 段掏槽爆破段振动速度波动较小。造成这种现象的主要原因有两方面；一是掏槽段药量较少，爆破后由于冻土的夹制作用，炸药能量主要作用于周围冻

土;二是掏槽孔爆破后,为后续电雷管段起爆提供了自由面,其他段别炸药能量充分释放,产生的应力波向立井井壁进行传递。随着爆破向外扩展,炮孔个数增多,分布范围扩大,井壁三个方向上的质点振动频率减小,尤其是 3 段、4 段辅助孔分布范围广、眼数多,各炮孔到测点的距离不同,测得的振动频率较小。

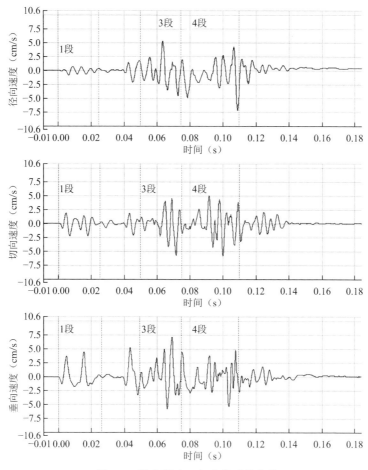

图 3-5　爆破振动三向速度时程曲线

3.3.2　爆破振动速度传播衰减规律

爆破方案采用四个延时段别,5 段周边爆破引起的振动较小,所以重点分析 1 段掏槽孔、3 段辅助孔和 4 段辅助孔三个装药段别爆破引起的井壁振动传播规律。将各段爆破引起的v_X、v_Y、v_Z三向振动速度及实时合速度v_u分别取最大值，并绘制曲线。上述各振动速度随测点至工作面距离S的关系如图 3-6 和图 3-7 所示。

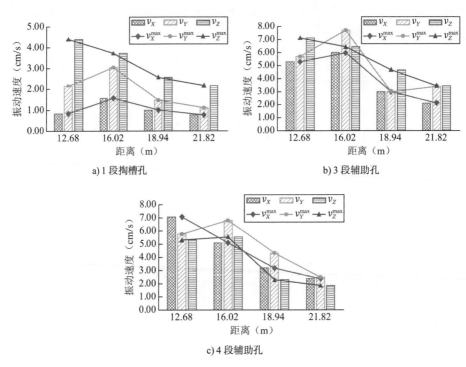

a) 1 段掏槽孔

b) 3 段辅助孔

c) 4 段辅助孔

图 3-6　各爆破段振动速度实测衰减曲线

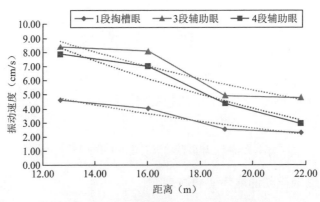

图 3-7　典型段别实测合速度衰减规律

（1）从图 3-6 各段三向振动速度传播规律可以看出，1 段掏槽爆破时，各测点测得的三向振动速度峰值差别较大，v_Z 最大，其次为 v_Y，v_X 最小。v_Z 约为 v_Y 的 1.2～2.0 倍，为 v_X 的 2.4～5.3 倍。说明立井掏槽孔爆破对井壁垂直方向的振动速度最大，对混凝土切向的振动速度最小。掏槽爆炸冲击波主要沿着炮孔向上传播到自由面，所以以引起垂直方向上的振动速度最大。3 段辅助段爆破时，v_Y 逐渐大于 v_Z。4 段辅助爆破时，Z 向振动速度已经是三个方向中振动速度最小的，呈现出 $v_Y > v_X > v_Z$。说明随着掏槽孔及前段辅助孔爆破创造出自由面后，后续辅助孔炸药的能量主要向立井周边释放，应力波在井壁中传播，由于混凝土井壁内部非匀质，反射拉伸波作用于井壁，造成井壁内部微小裂纹在逐渐扩大，造成井壁结构法向的振动加大。对比各爆破段三向振动速度的衰减趋势，各向振动速度随距离的变化规律整体呈现出非线性的衰减特点。距离井底掌子面处 16.02m 处的测点，各向速度出现突然增大现象，是由于井筒掌子面前方有放大效应导致的。

（2）从图 3-7 看出，3 段辅助孔爆破（装药量为 81.9kg）引起的振动速度，大于 4 段辅助孔爆破（装药量为 119kg）引起的振动速度，大于 1 段掏槽孔爆破（装药量为 40kg）引起的振动速度。装药在冻土爆破瞬间产生强烈的冲击作用，造成炮孔周围的塑性流动，此过程消耗了大部分爆炸能量，使得冲击强度急剧衰减形成了冻土中的径向压缩应力波而使冻土受压。由于 1 段掏槽爆破提供了自由面，为应力波的反射创造了条件，由于反射拉应力的作用，使以受压为主的冻土变成了以受拉为主，因为冻土的抗拉强度远小于它的抗压强度，致使冻土破坏，所以 3 段辅助爆破造成的振动较大。4 段辅助孔由于炮孔装药分散，爆破能量主要用于破碎冻土，所以对井壁的振动较小。这说明大直径立井冻土爆破引起井壁的最大振动速度，与段装药量、炮孔分布、炮孔布置方案等因素有关。实测测点最大振动合速度为 8.39cm/s，在允许范围以内，未对井壁产生破坏性影响。

3.3.3　不同药量对井壁振动速度的影响

由于掏槽孔起爆受其他段爆破影响小，且 v_Z 随距离衰减规律明显，为简便分析，以下主要对 1 段掏槽孔爆破 v_Z 进行分析。通过 A、B、C、D 四组不同药量试验进行对比，探究药量与距离对立井井壁振动所起的影响如图 3-8 所示。

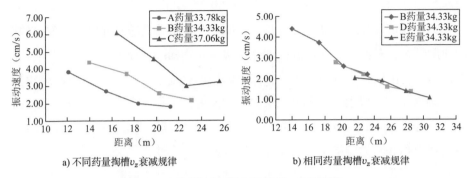

a) 不同药量掏槽v_z衰减规律　　　　　b) 相同药量掏槽v_z衰减规律

图 3-8　不同药量与距离的掏槽v_z衰减规律

从图 3-8 中可以看出，从 A 组数据到 C 组数据，相同距离下，随着药量的增加（从 33.78kg 到 37.06kg），药量大的振动速度曲线在药量小的之上，说明了装药量对井壁振动的影响较大，在冻土爆破中爆破方案的设计尤为重要。而从 B、D 和 E 组振动速度，在相同药量下，随着掘进深度的加深，围压增大，冻土冻结强度加大，井壁与爆破点距离的增加，导致井壁振动速度减小。说明了爆破方案设计过程中，要充分考虑新浇混凝土井壁与爆破点的距离，合理设计混凝土浇筑方案。

3.3.4　冻土萨道夫斯基拟合公式回归

在预测爆破振动强度方面，《爆破安全规程》（GB 6722—2014）主要采用萨道夫斯基公式。通过对立井爆破现场振动测试数据进行回归分析，可以得到赵固矿区西风井地层冻土爆破时的萨道夫斯基公式中的衰减系数K、α值，从而指导现场爆破施工。萨道夫斯基公式具体形式见式(2-5)[100]。

在冻土爆破中，各炮孔和井壁的距离不同，将一次起爆的炮孔药量和距离换算成等效药量和等效距离，换算公式见式(3-1)。

$$\begin{cases} R_{\mathrm{m}} = \sum\limits_{i=1}^{n} (\sqrt[3]{q_i} \cdot r_i) / \sum\limits_{i=1}^{n} \sqrt[3]{q_i} \\ Q_1 = \sum\limits_{i=1}^{n} q_i (R_{\mathrm{m}}/r_i)^3 \end{cases} \tag{3-1}$$

式中：R_{m}——等效距离（m）；

　　　Q_1——等效药量（kg）；

q_i——第i个炮孔的药量（kg）；

r_i——第i个炮孔距井壁的距离（m）。

由于炮孔数量较多，爆破中心到测点的距离在现场也无法精确一一测量，为简化计算，参考王二成在处理冻结基岩爆破对井壁振动的方法，将药量用该微段的总药量来代替[114]，R_m取爆破中心点到测点的距离。这里的距离是指应力波在介质中的传播路径，不是冻土与混凝土井壁的直线距离，因为爆破中心点与测点之间是空气而不是冻土，爆破引起的井壁振动，是由于爆炸应力波通过冻土介质传递到井壁上的。取测点到炮孔底部的垂直距离作为等效距离，这肯定会存在误差，但主要是关注爆破对井壁的振动情况，而井壁主要是在井筒垂直方向进行施工。根据以上结论得出每次爆破时测点到井壁的距离见表 3-3。

表 3-3　测点距爆源的距离（单位：m）

距爆次序	测点编号			
	1 号	2 号	3 号	4 号
第一次爆破	14.61	17.95	20.87	23.75
第二次爆破	15.68	19.02	21.94	24.82
第三次爆破	18.11	21.45	24.37	27.25
第四次爆破	19.25	22.59	25.51	28.39
第五次爆破	21.01	24.35	27.27	30.15
第六次爆破	22.31	25.65	28.57	31.45

为确保混凝土井壁的安全，需要将爆破振动速度控制在一定临界值以下，爆破振动速度临界值为爆破振动的破坏判据。根据萨道夫斯基公式得出距离井壁最近处混凝土的临界振动速度，依据临界值对爆破方案进行调整，防止造成混凝土振动速度过大。利用萨道夫斯基公式对所有监测数据统计分析，将各段三向振动速度采用 MATLAB 软件拟合，得出萨道夫斯基公式的衰减曲线如图 3-9、图 3-10 所示。

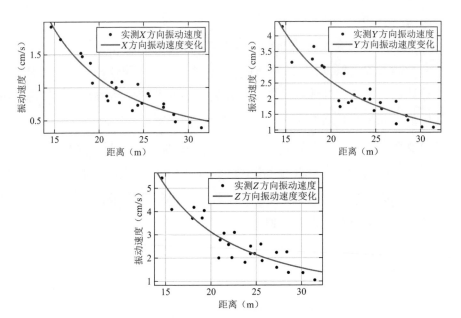

图 3-9 井壁三向振动速度衰减趋势回归分析

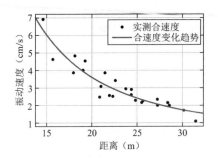

图 3-10 合速度衰减趋势回归分析

表 3-4 展示了三个方向曲线拟合的 K、α 值。X 方向、Y 方向、Z 方向以及合速度方向的 R^2 分别为 0.87、0.865、0.856 和 0.882。四个值均大于 0.5，说明是相关的，其中 Z 方向相关性是最强的。将拟合得到的 K、α 值代入萨道夫斯基公式，得到各分量及合速度的拟合公式。

表 3-4 井壁 K 和 α 拟合结果

参数	X向	Y向	Z向	合
K	51.96	86	122.6	205.9
α	1.768	1.626	1.697	1.877

$$v_X = 51.96\left(\sqrt[3]{Q}/R\right)^{1.768} \tag{3-2}$$

$$v_Y = 86.00\left(\sqrt[3]{Q}/R\right)^{1.626} \tag{3-3}$$

$$v_Z = 122.60\left(\sqrt[3]{Q}/R\right)^{1.697} \tag{3-4}$$

$$v_u = 205.90\left(\sqrt[3]{Q}/R\right)^{1.877} \tag{3-5}$$

利用上述公式，根据《爆破安全规程》（GB 6722—2014）中对矿山巷道在地下浅孔爆破时的振动速度控制标准，临界振动速度为 15～30cm/s。一方面可以预测距离井底工作面不同位置处井壁振动速度；另一方可以计算最大单段起爆药量，指导爆破设计。

3.3.5　冻土振动速度经验公式的拟合

单仁亮等[56]通过模型试验对冻结作用下的立井井壁振动速度做了研究。通过等效距离、等效药量与振动速度的关系，拟合出萨道夫斯基公式如下：

$$v = 57.52\left(\sqrt[3]{Q_1}/R_2\right)^{1.74} \tag{3-6}$$

式中：Q_1——等效药量（kg）；

　　　R_2——等效距离（m）。

依据获得的萨道夫斯基公式，利用 M20 型爆破测振仪自带的振动分析软件，对爆破振动速度进行了预测分析，获得如图 3-11 所示振动速度距离的关系。

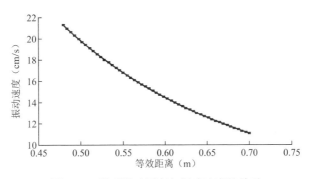

图 3-11　岩石爆破距离与振动速度的关系

在药量相同条件下，通过图 3-11 振动速度距离关系得出振动速度的数据，进行 Origin 拟合得到岩石振动速度经验公式为：

$$v = 106.6R^2 - 171.4R + 78.91 \tag{3-7}$$

当冻土爆破选取装药量 34.33kg，采用同种爆破方案时的振动速度数据，获得振动速度与距离的关系曲线，如图 3-12 所示。

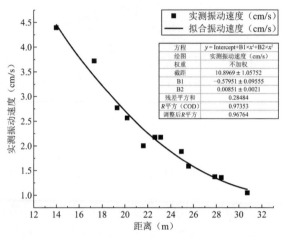

图 3-12　冻土爆破距离与振动速度的二次项关系

根据图 3-12 可以获得冻土爆破对混凝土的振动速度的经验公式为：

$$v = 10.89 - 0.57R + 0.0085R^2 \tag{3-8}$$

通过岩石爆破和冻土爆破的振动速度距离衰减拟合公式，可以看出，冻土爆破相对于岩石爆破对井壁混凝土的振动速度变化，其更加趋于直线，二次项系数更加小。推测可能由于岩石内部含有孔隙，即存在原始损伤。而冻土由于冻结温度，土壤由粉末状冻结成一体，内部强度均匀，质地坚硬，其振动速度衰减随距离的变化规律更加趋于一次函数。

3.4　本章小结

通过冻结黏土爆破对立井井壁的振动现场测试，得出如下结论：

（1）现场深大立井井筒冻结表土段采用 1-3-4-5 段电雷管起爆时，振动波形曲线区分明显，未出现段间叠加现象。实测测点最大振动合速度为 8.39cm/s，在允许范围以内，未对井壁产生破坏性影响。

（2）1 段掏槽爆破时，各测点测得的三向振动速度峰值差别较大，v_Z 最大，其次为 v_Y，v_X 最小。v_Z 约为 v_Y 的 1.2～2.0 倍，为 v_X 的 2.4～5.3 倍。随着爆破向周边扩展，辅助爆破引起井壁径向和切向振动速度较大，且三向振动速度区别逐渐减小。起爆药量相同下，各段振动速度衰减规律呈现非线性特点，炮孔分布范围越广，自由面越大，振动速度越小，衰减越快。

（3）在爆破方案设计中，爆源与井壁的距离相同情况下，井壁混凝土振动速度随着药量的增加而增大。在相同药量情况下，随着距离的增加而减小。

（4）采用萨道夫斯基公式，拟合得到了赵固矿区深厚表土层立井冻结爆破下的振动速度衰减公式。对比岩石爆破与冻土爆破对立井井壁的速度随距离变化的曲线，在同种爆破方案条件下，冻土爆破振动速度衰减的斜率变化较小。

第 4 章

冻土爆破井壁振动响应数值模拟

现场冻土爆破试验具一定的局限性，例如冻土爆破时，在 600m 深度以下的立井井壁进行测试时，试验仪器的开启需要人员下井，人员在井筒中往复工作具有一定的危险。并且随着掌子面的开挖，吊盘需要上下改变位置，爆破仪器随之需要重新布置，给现场施工带来很大不便。

利用数值模拟可以极大地弥补现场试验的局限，进行不同掏槽药量、不同自由面和不同地应力的爆破模拟，通过分析不同爆破工况下井壁振动速度的大小，调整爆破设计，减少爆破振动对井壁的损伤。

数值模拟采用 Ansys/LS-DYNA 有限元分析软件，该软件在计算显示动力学问题时，具有收敛性好，计算速度快的特点，并且内含多种材料模型，包含岩石爆破所涉及的炸药、岩石、空气、水等多种介质及状态方程。本模型计算采用流固耦合算法，岩体和炮泥采用拉格朗日（Lagrange）网格，炸药采用欧拉（Euler）网格，岩体、炸药和炮泥进行耦合。相关文献研究认为[115]，在均布水平荷载作用下，增大混凝土井壁含筋量对井壁的承载力影响不大，但提高混凝土的强度等级却可显著提高井壁承载力，因此建模过程中未建立井壁钢筋。

4.1　多孔微差爆破对井壁的振动影响

4.1.1　材料模型及参数

土壤由于受到冻结作用，与水结合形成冻土，具有一定的刚度和强度，不具有泡沫材料的特点，并具有一定弹塑性，采用 MAT_PLSTIC_KINEMATIC 材料模型进行模拟。该模型适用于各向同性和运动塑性硬化模型，并考虑了速度效应，材料模型屈服应力表达式见式(4-1)。

$$\sigma_Y = \left[1 + (\dot{\varepsilon}/m)^{1/n}\right](\sigma_0 + \beta E_n \varepsilon_n^{\text{eff}}) \tag{4-1}$$

式中：σ_Y——屈服应力（MPa）；

$\quad\quad\sigma_0$——初始屈服应力（MPa）；

$\quad\quad\dot{\varepsilon}$——应变率；

$\quad m$、n——应变率参数；

$\quad\quad\varepsilon_n^{\text{eff}}$——有效塑性应变；

$\quad\quad E_n$——塑性硬化模量；

$\quad\quad\beta$——硬化参数。

在工程爆破的加载率范围内，文献[116]给出了静泊松比μ_s与动泊松比μ_d的关系为$\mu_d = 0.8\mu_s$，文献[117]给出静弹性模量E_s与动弹性模量E_d的关系为$E_d = 8.7577E_s^{0.5582}$[118-119]。冻土参数依据中国科学院寒区与旱区实验室的试验结果，并结合现场工程，得出冻土在$-10℃$下的动力学参数，见表4-1。

表 4-1　冻结黏土力学参数表

ρ（g/cm³）	E_d（GPa）	μ_d	σ_0（MPa）	$E_{\tan}$（GPa）	β
2.65	30	0.3	100	4	0.5

炸药采用*MAT_HIGH_EXPLOSIVE_BURN 材料模型模拟 T220-nd 抗冻水胶炸药，它允许建立具有高爆速的模型。状态方程采用*EOS_JWL，其可以描述炸药爆炸产生爆轰产物的压力、单位体积的内能和相对体积参数，炸药的状态方程为式(4-2)，相关参数见表 4-2[120]。

$$p = A_1(1 - \omega/R_6V_3)e^{-R_6} + B_1(1 - \omega/R_7V_3)e^{-R_7V_3} + \omega E_3/V_3 \tag{4-2}$$

式中：$\quad\quad\quad p$——炮轰压力（MPa）；

A_1、B_1、ω、R_6、R_7、V_3——炸药状态方程参数；

$\quad\quad\quad E_3$——炸药的初始内能（kJ）。

表 4-2　炸药及状态方程主要参数

ρ（g/cm³）	D_2（m/s）	A_1（GPa）	B_1（GPa）	R_6	R_7	ω	E_3（GPa）
1.2	4018	216.7	0.184	4.2	0.9	0.15	4.192

炮孔堵塞材料（炮泥）采用 MAT_SOIL_AND_FOAM 状态方程确定，使用

该状态方程可在模拟过程中对气固二相介质的耦合问题进行有效描述，采用参数见表4-3。

表4-3　炮泥的参数

ρ（g/cm³）	G（MPa）	K_1（MPa）	A_0	EPS2	EPS3
1.8	16.01	25	3.300E-11	0.050	0.090

混凝土材料采用*MAT_JOHNSON_HOLMQUIST_CONCRETE 材料模型，该模型可用于大变形、高应变率及高压力的混凝土，等效强度由压力、应变速率和损伤函数计算。压力表示为体积应变的函数，包括永久破碎的影响。损伤是塑性体积应变、等效塑性应变和压力函数。该模型由于没有严格的流动法则，特别适用于脆性材料在大应变、高应变速率下的动态响应[121]。模型考虑了应变率、损伤、应变等方面的效应，规范化等效应力来描述其强度，公式如下：

$$\sigma^* = \left[A_2(1 - D_1) + B_2 P^{*N} \right](1 + C \ln \dot{\varepsilon}^*) \tag{4-3}$$

式中：σ^*——真实等效强度σ与准静态抗压强度f_c'的比值，$\sigma^* = \sigma/f_c'$；

　　　P^*——规范化后的压力，$P^* = P/f_c'$；

　　　$\dot{\varepsilon}^*$——无量纲的应变率，$\dot{\varepsilon}^* = \dot{\varepsilon}/\dot{\varepsilon}_0$；

　　　A_2——内聚力强度参数；

　　　B_2——修正的压力强化系数；

　　　C——应变率相关系数；

　　　N——压力强化指数；

　　　D_1——损伤因子。

表4-4展示了混凝土主要参数，参考相关文献获得[48]。

表4-4　混凝土模型主要参数

ρ（g/cm³）	G（GPa）	A_2	B_2	C	N
2.5	11.04	0.79	1.6	0.007	0.61

如果建立立井中的空气域，需要进行将井壁和空气进行耦合，计算时间将远远增大，并且主要考虑岩体中的爆炸应力波传播到混凝土井壁引起的振动效

应，故没有设置空气单元。

4.1.2　模型的建立

爆破方案参照表 3-2，采用 1、3、4、5 段电雷管分段延时微差起爆，分段延时间隔 25ms，由煤矿许用电雷管反向起爆控制，每一段炸药成圈均匀布置，爆破炮孔总共为 184 个。数值模拟分析时，如果按实际情况进行建模分析，由于炮孔直径相较整个模型较小，且模型是圆柱形，在划分网格时易出现网格变形过大或者出现不规则形状的单元，造成划分网格时出现错误或在求解运算时出现负体积等情况。在划分网格时，既要保证划分网格的正确性，保证网格划分在合理的大小，又要考虑求解的效率。通过分析和查阅相关规范，爆破效应与总药量密切相关。因此在保持药量不变的原则下，为便于计算对爆破方案进行了简化处理。主要是定性分析爆破荷载作用下混凝土井壁的受力、振动规律，根据数值模拟得出的规律调整爆破方案，这种方法造成的数据误差是可以接受的。本次模拟对模型进行简化，采用 5 段起爆的方式，炮孔相对应划分 6 圈（含中空孔），每一圈的圈径根据下式进行等效：

$$R_i = \sum_{j=1}^{n} r_{ij} q_{ij} / \sum q_i \tag{4-4}$$

式中：R_i——第 i 段炸药的等效圈径（m）；

　r_{ij}、q_{ij}——第 i 段药第 j 个炮孔的圈径（m）和药量（kg）；

　$\sum q_i$——第 i 段药的总药量（kg）。

每个炮孔直径为 45mm，分别采用分段延时微差爆破方案，分段延迟间隔为 25ms，由煤矿许用电雷管反向起爆控制，每一段炸药成圈均匀布置，爆破炮孔总共为 184 个。简化后的数值模拟爆破方案采用四段起爆的方式，炮孔相对应也划分为 5 圈（含中空孔），具体计算如下：

$$R_1 = (160 \times 11.2 + 280 \times 16.8)/(11.2 + 16.8) = 232 \tag{4-5}$$

$$R_2 = (410 \times 36.4 + 550 \times 45.5)/(36.4 + 45.5) = 488 \tag{4-6}$$

$$R_3 = (690 \times 54.25 + 820 \times 64.75)/(54.25 + 64.75) = 760.74 \tag{4-7}$$

$$R_4 = (940 \times 28)/28 = 940 \tag{4-8}$$

采用等尺寸模型来进行数值模拟，井筒直径取 9.9m，混凝土外壁厚度 1m。所研究爆破段井深为 700m，是处于空间的半无限体，只需在爆破荷载影响的范围内进行建模即可。通常认为爆破荷载的影响半径可以取立井空间的 3～5 倍，本次模拟建立半径为 40m、高为 50m 的圆柱形岩体。依据立井井筒结构的几何空间对称性，为了缩短计算时间，加快运算效率，取 1/2 模型进行建模计算，见图 4-1。混凝土外壁采用钢筋混凝土，强度等级为 C65，模型的顶面、地面和外围圆柱面为无反射边界条件，应力波在该界面不会发生反射。沿母线的切面为对称面，其余各面均为自由面，尽量同实际原型边界条件相同。

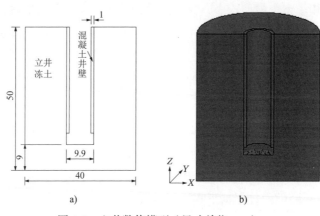

图 4-1　立井数值模型（尺寸单位：m）

为保证每一个孔的药量尽量相等，最后通过近似计算，1/2 模型中各圈的炮孔数分别为 4、12、18、6，具体见图 4-2。将每一段的药量平均分配到各段炮孔，各段装药量依次为 14kg、40.9kg、59.5kg、14kg。将建立起来的模型赋予不同的材料属性，进行网格划分。依据模型大小与工程实际，本文中所采用的单位系统为：长度单位为厘米（cm）、质量单位为克（g）、时间单位为微秒（μs）、导出单位为克/厘米^3（g/cm^3）、应力单位为 1×10^{11} 帕（Pa）、压力单位为 1×10^{11} 帕（Pa）、速度单位为厘米/微秒（cm/μs）、能量单位为焦耳（J）。

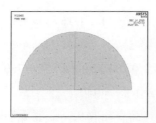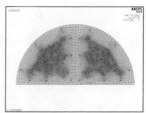

图 4-2　炮孔及网格划分图

4.1.3　井壁振动速度分析

为分析冻土爆破对井壁的振动速度,建立 1/2 模型,使 X 轴指向井壁切线方向,Y 轴为井壁径向方向,Z 轴为立井轴向方向,并在井壁上选取如下 4 个质点,到掌子面的距离分别为 13.3m、16.9m、20.5m、24.1m,具体测点选取如图 4-3 所示。

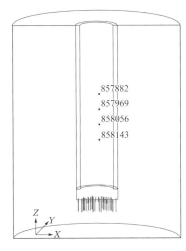

图 4-4 所示为振动速度时程曲线,数值模拟结果与现场实际测量结果较为相近,1 段、3 段、4 段、5 段爆破后对井壁产生的振动速度峰值明显,且各段爆破后应力波分区明显,总体呈现出波浪形。v_Z 要比其他两个方向的振动速度大,说明冻土爆破后应力波主要沿井壁竖直向上传递,造成井壁在竖直方向的振动速度较大,在施工监测过程中要尤为重视。另一方面,从振动合速度 v_u 来看,沿着井壁竖直方向距离

图 4-3　振动速度质点选取

掌子面的距离越远其振动合速度越小,在距离掌子面 13.3m 处 v_u 为 10.51cm/s,在距离掌子面 24.1m 处 v_u 衰减到 6.097cm/s。由于波阻抗的存在,应力波在传播过程中不断的衰减,导致井壁振动速度逐渐减小。

图 4-5 是从振动时程曲线中提取出每段爆破的最大振动分速度,从图中看各段振动衰减规律与萨道夫斯基振动衰减规律相似,与实际爆破监测情况一致。从各段电雷管起爆后振动分速度的变化规律可以看出,v_Z 明显大于其他两个方向的振动速度,三个方向振动分速度按照 $v_Z > v_Y > v_X$ 的顺序,即立井井壁上的轴向振动速度 > 径向振动速度 > 切向振动速度。从图 4-5 中可以看出,立井的 v_Y 相对较大,冻土爆破后 v_Y 随距离的增加而逐渐减少,但在 24.1m 处 v_Y 出现增大的现象。冻土爆破后,应力波向四周传播,由于井筒的特殊构造,在一定距离内由于反射拉伸应力波造成井壁振动的变动,出现了 v_Y 放大的现象。

图 4-6 所示不同段别炸药对井壁造成的振动速度,4 段炸药起爆产生的振动速度 $v_{4段}$ > 3 段炸药起爆产生的振动速度 $v_{3段}$ > 1 段炸药起爆产生的振动速度 $v_{1段}$ > 5 段炸药起爆产生的振动速度 $v_{5段}$。由于 4 段辅助孔装药量要大于 3 段辅

助装药量（40.9kg）和 1 段掏槽孔装药量（14kg），所以 4 段辅助孔起爆引起井壁的振动速度最大。1 段掏槽孔和 5 段周边孔装药量同为 14kg，但 5 段周边孔分布在井筒四周，彼此距离较远，爆破后能量释放分散，引起的井壁振动小。

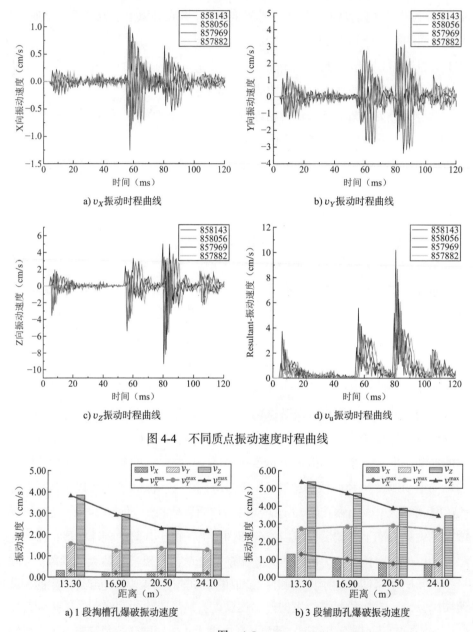

a) v_X 振动时程曲线

b) v_Y 振动时程曲线

c) v_Z 振动时程曲线

d) v_u 振动时程曲线

图 4-4　不同质点振动速度时程曲线

a) 1 段掏槽孔爆破振动速度

b) 3 段辅助孔爆破振动速度

图　4-5

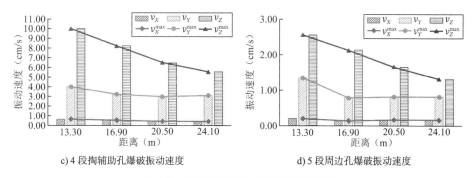

c) 4 段掏辅助孔爆破振动速度　　　　　d) 5 段周边孔爆破振动速度

图 4-5　井壁爆破振动分速度衰减规律

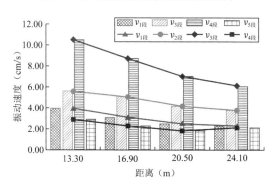

图 4-6　井壁爆破振动合速度衰减规律

4.1.4　井壁应力分析

图 4-7 为在不同时刻炸药起爆所造成模型整体的应力云图,从可以看出,不同时刻起爆模型的应力云图存在差异,说明了其内部所受冻土冲击波不同,呈现出不同的应力状态。为具体分析立井井壁所受应力状况,对立井井壁的应力云图进行单独分析,1 段电雷管起爆前井壁未受到爆破冲击,无杂波影响,现选取 1 段电雷管起爆对井壁造成的等效应力云图进行分析。

图 4-8 为 1 段电雷管起爆井壁等效应力云图,在冻土爆炸应力波未到达井壁之前,即 $t=0$ 时,最大等效应力为 0。随着爆炸冲击波与爆生气体共同作用产生的能量到达井壁时,井壁上的最大等效应力逐渐增大,在 $t=2$ms 时,井壁所受等效应力最大处为 0.1388MPa,在 $t=3$ms 时井壁所受最大等效应力为 0.817MPa。爆炸应力波随后沿着井壁继续向上,由于自由面的存在导致应力波能量的消散,井壁所受应力波能量逐渐减小,在 $t=7$ms 时,应力波到达 1/2 井壁处,此时井壁所受最大等效应力为 0.2196MPa。从以上 4 个时间点,可以大

体得出：最大等效应力随着时间的增加而增加，在$t=3ms$左右达到峰值点，而后随着能量的释放与吸收，最大等效应力随时间而减小。炸药爆炸后，在冻土中传播到井壁处，而后向井壁上端传递。由于立井井筒的缘故，竖直向上的能量大多随着井筒向上释放，距离井壁越远的部分应力传递较小。整体来看冻土爆破产生的应力波对井壁造成应力较小，在安全范围内。

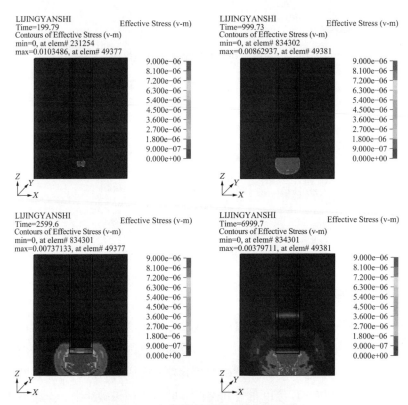

图 4-7　立井模型不同时刻应力云图

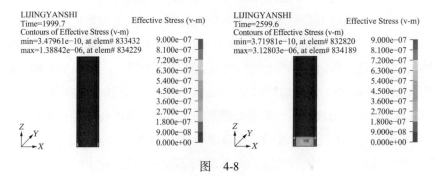

图　4-8

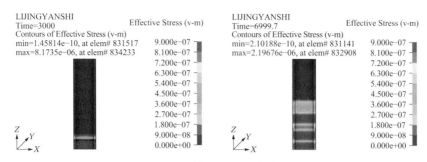

图 4-8　1 段电雷管起爆井壁等效应力云图

为研究整个爆破过程对井壁具体造成的影响，沿井壁竖直方向取四个单元进行压应力分析，选取单元位置如图 4-9 所示，单元中心距离掌子面的距离分别为：12.1m，15.7m，19.3m，22.9m。由于爆炸应力波主要沿垂直方向向井壁传递，作用在井壁上主要为 Z 方向上的应力，对上述选取单元 Z 方向上的应力进行分析。

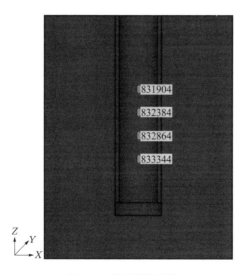

图 4-9　单元选取位置

图 4-10、图 4-11 为各测点的应力时程和拉应力峰值，随着爆破时间的增加，其拉/压应力在每段电雷管起爆后突然增加，随着爆破段数的不断起爆，拉/压应力也呈波浪式不断起伏。从压应力时程曲线中可以看出，随着掌子面距离的增加，其压应力逐渐减小。从各测点最大压应力和最大拉应力图中，可以看出井壁

受到的拉应力要大于压应力，随着距离的增加，两者逐渐趋近。进一步分析立井井壁的拉应力，从图 4-10 可看出，井壁受到的拉应力与起爆段数密切相关，呈现出 4 段电雷管起爆对井壁的拉应力 > 3 段电雷管起爆对井壁的拉应力 > 5 段电雷管起爆对井壁的拉应力 > 1 段电雷管起爆对井壁的拉应力的趋势。对比 1、3、4 段装药量，发现装药量也是这个规律，即装药量越多对井壁造成的拉应力越大。1 段装药和 5 段装药量都为 14kg，但 5 段起爆造成井壁的拉应力要大于 1 段，主要是由于 1 段掏槽爆破收到的夹制力大，爆破后能量主要被冻土吸收，传递到井壁上的能量较少。

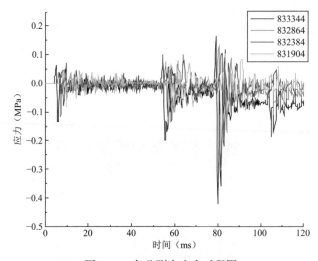

图 4-10　各监测点应力时程图

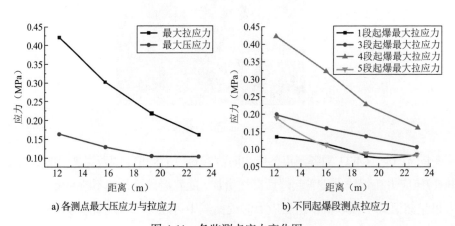

a) 各测点最大压应力与拉应力　　　　b) 不同起爆段测点拉应力

图 4-11　各监测点应力变化图

⊜ 4.2　掏槽药量对井壁振动的影响

掏槽爆破主要克服冻土的夹制力，爆破后形成爆破空腔，为后续爆破提供自由面，改变后续炮孔爆破的最小抵抗线方向，使冻土更好地破碎，降低炸药用量，减小对井壁的振动。在立井爆破施工中，掌子面四周承受较大的围压，破土比较艰难，现依据数值模拟，对不同掏槽药量进行模拟，获得不同药量下的井壁振动速度。为方便模拟，取立井剖面进行数值模拟，所用掏槽药量依次为 16kg、32kg、48kg、64kg，模拟结果如图 4-12 所示。

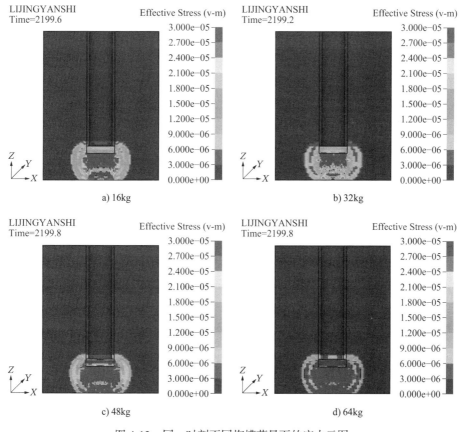

图 4-12　同一时刻不同掏槽药量下的应力云图

由图 4-12 可以看出：掏槽药量越多，对混凝土井壁应力的影响越大。炸药爆破后爆炸应力波呈圆形向四周扩散，爆炸应力波半径越大，对混凝土的振动作用越大，而爆破能量的释放与掏槽孔炸药量密切相关。

取距离掌子面 10m 处的测点，进行不同掏槽药量的分析，如图 4-13 所示。可以看出，随着掏槽药量的增加，振动速度呈线性增加，掏槽药量从 16kg 到 64kg 增加了 4 倍，井壁测点振动速度从 9.53cm/s 到 35cm/s 增加了 3.67 倍，说明了掏槽药量对井壁的振动速度变化较为重要。在设计爆破方案时，要合理地进行掏槽孔的设计。

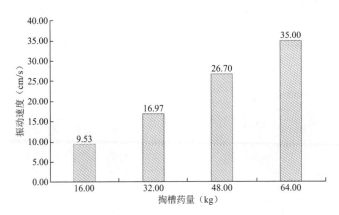

图 4-13　不同掏槽药量对井壁造成的振动速度

4.3　掏槽中空孔对爆破振动的影响

4.3.1　计算模型

岩石爆破研究发现，岩石爆破破坏方式与自由面的大小、位置密切相关，临空面的增加，使得爆炸应力波在中空孔处进行应力叠加和反射拉伸，破坏方式逐渐由压剪破坏向剪切拉伸破坏转变，使矸石块度均匀[120-122]。宗琦等[90]为提高深井冻结基岩段的掘进速度，进行了深孔爆破技术的爆破方案研究，研究发现大直径中心空孔对提高爆破效率起到关键作用。为了从实际工程上验证掏槽中空孔自由面应力集中效应对井壁的影响，本试验利用 LS-DYNA 软件在相同条件下对不含中空孔的掏槽方式和不同中空孔圈径的掏槽方式进行数值模拟，对比分析对井壁造成振动速度的变化规律。如图 4-14 所示，模型尺寸和材料参数与上文一致。分别建立无中空孔模型、半径 2.4cm 中空孔、半径 8cm 中空孔、半径 12cm 中空孔模型。

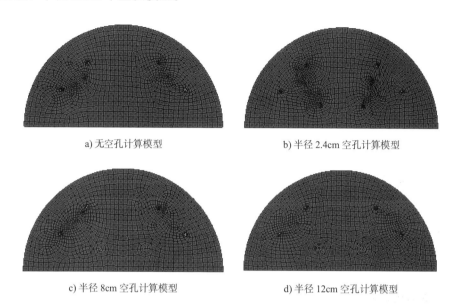

a) 无空孔计算模型　　　　　　　b) 半径 2.4cm 空孔计算模型

c) 半径 8cm 空孔计算模型　　　　d) 半径 12cm 空孔计算模型

图 4-14　空孔对井壁的影响局部模型

为了直观对比分析有、无中空孔下掏槽爆破对井壁的振动影响，在模型中沿井壁垂直方向选取距离掌子面 2.5m 的测点 K_1，提取测点的振动速度时程曲线，如图 4-15 所示。

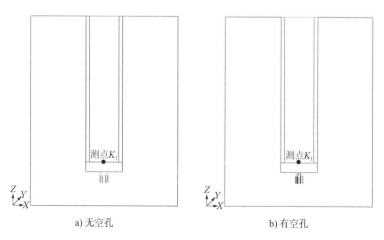

a) 无空孔　　　　　　　　　　b) 有空孔

图 4-15　振动速度测点布置图

掘槽爆破时，立井井壁下沿距离爆破点较近，爆破后炸药能量先传播到井壁下沿，再沿井筒垂直向上传递，井壁下沿处对振动速度大，对振动速度较敏感，因此在井壁下沿正中位置选取测点并标记为K_1。

4.3.2 模拟结果分析

图 4-16 为空孔对井壁振动的影响，中空孔对井壁振动起减弱作用，无掘槽中空孔时振动速度为 12.89cm/s，然而半径为 2.4cm 时，振动速度为 12.83cm/s。并且随着掘槽中空孔半径的增加，井壁的振动速度越小。在爆破方案设计时，可以通过布置中空孔来达到减少井壁振动的效果。

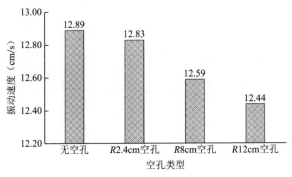

图 4-16　空孔对井壁振动的影响图

4.4　地应力对井壁爆破振动的影响

随着矿产资源的开采逐渐走向深部，高地应力的存在对冻土爆破具有重要影响，因此在对深部冻土爆破进行数值分析时必须考虑地应力的作用。本节先借助 Ansys 强大的隐式求解处理功能，将井壁四周围压施加到模型上，然后通过隐式到显式的转换，将隐式求解的节点位移变形写入一个 drelax 动力松弛文件，接着在显示求解时调用隐式求解的结果进行下一步显示动力学计算。

Ansys/LS-DYNA 软件进行隐式—显式转换时，需要单元与边界条件的转换，本节静力学计算立井围岩变形时选用 SOLID185 单元，转换到 DYNA 显示动力学时对应的单元为 SOLID164。在静力分析时，底面施加固定约束，立井剖面施加对称约束，模型外表面定义垂直面的方向位移为零。在完成静力求解时改变文件名和删除静力约束，进入显示求解界面，在对称面施加对称约束，模型外表面施加无反射边界条件，具体示意如图 4-17a）所示。

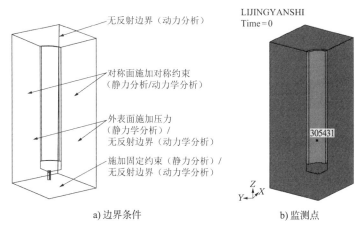

a) 边界条件　　　　　　　b) 监测点

图 4-17　不同围压下井壁及围岩（土）模型图

　　冻结井筒在冻融过程中，井筒与周围土体间会产生相互摩擦，井筒便处于三向受力状态，但目前井筒设计中遵循"竖向让，横向抗"的原则，所以只在井筒四周施加围压[124]。为了便于在模型边界施加约束条件，建立 1/4 模型，立井模型四周边界为长方体，便于施加围压。由于掏槽孔对爆破效果影响尤为明显，因此只建立掏槽爆破孔进行爆破。模型大小及炮孔尺寸与上文一致，测点位置见图 4-17b）所示，模型施加围压后的应力云图如图 4-18 所示。

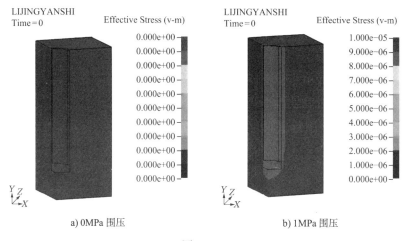

a) 0MPa 围压　　　　　　　b) 1MPa 围压

图　4-18

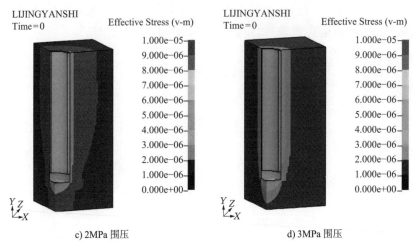

c) 2MPa围压　　　　　　　　　　　d) 3MPa围压

图 4-18　不同围压下等效应力云图

图 4-19 为不同围压下振动速度曲线，围压对井壁振动速度的影响较大，相同位置处质点围压越大，质点振动速度越大。井壁围岩受到四周的挤压，密度增大后导致强度增大。压力越大冻土强度越大，波阻抗越小，炸药爆破后应力波通过冻土传递给井壁的越多，造成井壁的振动速度较大。

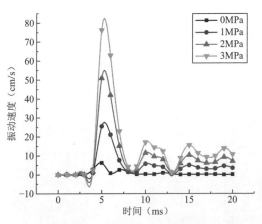

图 4-19　不同围压下振动速度曲线

4.5　本章小结

通过爆破振动数值模拟进行分析，得出如下结论：

（1）从各段电雷管起爆后振动分速度的变化规律可以看出，轴向振动速度明显大于其他两个方向的振动速度，三个方向振动分速度按照$v_Z > v_Y > v_X$的顺序，即立井井壁上的轴向振动速度 > 径向振动速度 > 切向振动速度。进一步从不同段别炸药对井壁造成的振动速度来看，4 段辅助孔起爆对井壁的振动最大，5 段周边孔起爆对井壁的振动最小。立井井壁最大等效应力随着时间的增加而增加，在$t = 3\text{ms}$左右达到峰值点，而后随着能量的释放与吸收，最大等效应力随时间而减小。

（2）井壁受到的拉应力要大于压应力，随着距离的增加，两者逐渐趋近。立井井壁承受的应力与装药量有关，起爆段药量越大，井壁受到的应力越大。此外，爆破掌子面上中空孔的半径越大，井壁的振动速度越小。围压对井壁振动速度的影响较大，相同位置处的质点围压越大，质点振动速度越大。

第 5 章

冻结井筒工程可靠性分析

科学设计和高质量施工是井筒工程长期安全稳定的根本保障。设计、施工中的很多因素不是确定和一成不变的，诸如设计参数取值偏差、不同时期拌合后的混凝土材料性质的差异、井筒超挖欠挖造成的井壁厚度及井筒内径的变化等，这些因素或多或少都将影响井壁施工质量，影响井筒工程稳定性和可靠性。以井壁混凝土材料为例，即使浇筑工艺相同，但不同段高、不同时期浇筑的混凝土材料性质也有差异，即混凝土成因的复杂性使其材料本身存在固有的变异性。在井壁形成过程中，混凝土矿物成分，以及所处的温度、湿度、压力等环境条件均有差异：两个取样点位置越接近，则这两个位置的混凝土性质越相关；随两点距离增大，这种相关性会逐渐减弱，直至互不相关。因此，混凝土材料参数存在较强的空间变异性及相关性特征。本章从设计过程的井壁外荷载取值、施工过程的浇筑混凝土水化热，以及井筒内径误差等参数的不确定性，即随机性对井筒工程可靠性进行研究分析。

5.1 参数不确定性与随机有限元方法

5.1.1 空间非均质性表征方法

冻结井壁混凝土材料成因的复杂性以及不确定性使得井壁混凝土本身存在着固有的变异性，即使是经历了类似施工及外力作用，不同位置的井壁混凝土的性质也存在差异性。同时，在形成过程中，不同位置的井壁混凝土的矿物成分、所处的环境条件及应力历史等并不相同，若两个取样点的位置越接近，则这两个位置的井壁混凝土性质便也越相关，随着两点之间距离的增大，这种相关性会逐渐减弱，直至互不相关，因此，混凝土材料参数存在较强的空间变异性及相关性特征。研究混凝土材料参数随机性描述与离散是西部冻结井壁工程结构随机温度场、随机应力场及随机变形场分析的基础。

　　在随机性问题研究中，不确定参数随着时间而发生变化，通常用随机过程来表示；而随着空间位置而变化，则可以用随机场来描述。因此，随机场可以看成是随机过程概念在空间区域上的自然推广。随机过程与时间有关，而随机场则可以看成是定义在场域参数集上的随机过程模型。"真正"的随机有限元法必须包含对随机场的离散处理，否则无法准确地对结构进行随机性描述与分析。因此，随机场的离散处理是随机有限元理论的重要组成部分。随机场有两类离散方法，一类是在空间中离散，即将随机场也划分成网格；另一类是抽象离散，即将随机场展成级数，这种方法也称谱分解。对于可以视为平稳过程的宽平稳随机场混凝土热力学参数，采用空间网格离散随机场方法可以利用许多有限元的基本关系。其中，随机场局部平均法对原始数据的要求低，具有效率高、精度好的优点，并且可以利用许多确定性有限元基本关系，程序通用性强。材料参数随机场模型中，方差折减系数可由相关函数及相关距离求得。因此，研究材料参数随机场问题主要集中在相关函数及相关距离的研究上。

　　若极限 $\lim\limits_{x \to \infty} x\Gamma^2(x)$ 存在，则可定义相关距离为：

$$\theta = \lim_{x \to \infty} x\Gamma^2(x) \tag{5-1}$$

式中：$\Gamma^2(x)$——随机场$X(x)$的方差函数，表示在局部平均下的"点方差"σ^2的折减，亦称方差折减函数。

5.1.2　随机场的数字特征

　　随机场模型用自相关函数（或自相关距离）刻画岩土材料的自相关性，确立了由试验数据求得的点特性过渡到空间平均特性的方差计算方法。随机场的统计特性可由其有限维联合分布函数或概率密度表示，然而实际问题中，确定分布函数或概率密度往往很困难，因此可以采用随机场的数字特征来反映随机场特性。随机场的数字特征主要包括均值函数、方差函数、相关函数（自相关函数和互相关函数）、协方差函数和相关系数。

　　1）基本概念

　　设随机试验E的样本空间为$\Omega = \{e\}$，如果对于每一个样本点$e \in \Omega$都有唯一的一个实数$X = X(e)$与之对应，则称X为随机变量。

设随机试验E的样本空间为$\Omega = \{e\}$，T是一个参数集，对于每一个固定的$t \in T$，都有随机变量$X(t)$与之对应，那么就称$X(t)$为一随机过程。显然，随机过程是依赖于时间t的一组随机变量。

设随机过程$\{X(t), t \in T\}$，如果它的有限维分布不随时间推移而变化，即对于任意的n个$t_1 < t_2 < \cdots < t_n(t_i \in T, i = 1,2,\cdots,n)$和任意实数$\tau$，当$t_1 + \tau, t_2 + \tau, \cdots, t_n + \tau \in T$时，有：

$$
\begin{aligned}
&F(t_1, t_2, \cdots, t_n; x_1, x_2, \cdots, x_n) \\
&= P\{X(t_1) \leqslant x_1, X(t_2) \leqslant x_2, \cdots, X(t_n) \leqslant x_n\} \\
&= P\{X(t_1 + \tau) \leqslant x_1, X(t_2 + \tau) \leqslant x_2, \cdots, X(t_n + \tau) \leqslant x_n\} \\
&= F(t_1 + \tau, t_2 + \tau, \cdots, t_n + \tau; x_1, x_2, \cdots, x_n)
\end{aligned}
\tag{5-2}
$$

则称$X(t)$为严平稳过程。

设随机过程$\{X(t), t \in T\}$，对于每一个$t \in T$，$X(t)$的均值函数$m(t) = E[X(t)] = m$，方差函数$D[X(t)]$存在，相关函数$R(t_1, t_2)$仅依赖于$\tau = t_1 - t_2$，即：

$$
R(t_1, t_2) = E[X(t_1)X(t_2)] = B(\tau)
\tag{5-3}
$$

则称$X(t)$为宽平稳过程，简称平稳过程。

随机场是随机过程的概念在空间域上的推广，随机过程$X(t)$的基本参数是时间t，而随机场$X(u)$的基本参数是空间$u = (x, y, z)$。随机场可以视为定义在一个场域参数集上的随机变量系，对于场域参数集内的任一点u_i都有随机变量$X(u_i)$与其对应。

设随机场$\{X(u), u \in D \in R^n\}$，如果它的有限维分布不随位置变化而变化，即对于任意的n个$u_1 < u_2 < \cdots < u_n(u_i \in D, i = 1,2,\cdots,n)$和任意实数$\Delta u$，当$u_1 + \Delta u, u_2 + \Delta u, \cdots, u_n + \Delta u \in T$时，有：

$$
\begin{aligned}
&F(u_1, u_2, \cdots, u_n; x_1, x_2, \cdots, x_n) \\
&= F(u_1 + \Delta u, u_2 + \Delta u, \cdots, u_n + \Delta u; x_1, x_2, \cdots, x_n)
\end{aligned}
\tag{5-4}
$$

则称$X(u)$为严平稳随机场。

设随机场$\{X(u), u \in D \in R^n\}$，对于每一个$u \in D \in R^n$，$X(u)$的均值函数为常数，即$m(u) = E[X(u)] = m$，协方差函数$C_X[u_1, u_2]$只是距离$u_r = u_1 - u_2$的函数，与$u_1, u_2$本身无关，则认为$X(u)$为宽平稳随机场，简称平稳随机场。

2）数字特征

（1）均值和方差

对于平稳随机过程的宽平稳随机场$X(e)$，均值（数学期望）和方差为：

$$\left.\begin{array}{l} E[X(e)] = \text{const} = m \\ \text{Var}[X(e)] = \text{const} = \sigma^2 \end{array}\right\}\tag{5-5}$$

式中：m——随机场的均值；

σ——随机场的标准差。

（2）自相关函数和互相关函数

对于平稳随机过程的宽平稳随机场$X(e)$，自相关函数为：

$$R_X(e_1, e_2) = E[X(e_1)X(e_2)] = R_X(e_2 - e_1) = R_X(\tau)\tag{5-6}$$

对于平稳随机过程的宽平稳随机场$X(e)$、$Y(e)$互相关函数为：

$$\left.\begin{array}{l} R_{XY}(e_1, e_2) = E[X(e_1)Y(e_2)] = E[X(e)Y(e + \tau)] = R_{XY}(\tau) \\ R_{YX}(e_1, e_2) = E[Y(e_1)X(e_2)] = E[Y(e)X(e + \tau)] = R_{YX}(\tau) \end{array}\right\}\tag{5-7}$$

（3）自协方差函数和互协方差函数

对于平稳随机过程的宽平稳随机场$X(e)$，自协方差函数为：

$$\begin{aligned} \text{Cov}_X(e_1, e_2) &= E\{[X(e_1) - m_X(e_1)][X(e_2) - m_X(e_2)]\} \\ &= R_X(\tau) - m^2 = \text{Cov}_X(\tau) \end{aligned}\tag{5-8}$$

对于平稳随机过程的宽平稳随机场$X(e)$、$Y(e)$，互协方差函数为：

$$\begin{aligned} \text{Cov}_{XY}(e_1, e_2) &= E\{[X(e_1) - m_X(e_1)][Y(e_2) - m_Y(e_2)]\} \\ &= R_{XY}(\tau) - m_X m_Y = \text{Cov}_{XY}(\tau) \end{aligned}\tag{5-9}$$

（4）自相关系数、互相关系数和标准相关系数

由自协方差函数$\text{Cov}_X(e_1, e_2)$可定义自相关系数为：

$$\rho_X(e_1, e_2) = \frac{\text{Cov}_X(e_1, e_2)}{\sigma_X^2} = \frac{\text{Cov}_X(\tau)}{\sigma_X^2} = \rho_X(\tau)\tag{5-10}$$

由互协方差函数$\text{Cov}_{XY}(e_1, e_2)$可定义互相关系数为：

$$\rho_{XY}(e_1, e_2) = \frac{\text{Cov}_{XY}(e_1, e_2)}{\sigma_X \sigma_Y} = \frac{\text{Cov}_{XY}(\tau)}{\sigma_X \sigma_Y} = \rho_{XY}(\tau)\tag{5-11}$$

由自相关函数$R_X(e_1, e_2)$可定义标准相关系数为：

$$\rho(e_1, e_2) = \frac{R_X(e_1, e_2)}{\sigma_X^2} = \frac{R_X(\tau)}{\sigma_X^2} = \rho(\tau)\tag{5-12}$$

5.1.3　参数随机场局部平均理论

如前所述，将随机场视为一个平稳过程的宽平稳随机场后，随机场$X(e)$的一维概率密度$f(x)$和一维分布函数$F(e,x)$是常数，二维概率密度函数$f(x_1,x_2)$和二维分布函数$F(e_1,x_1;e_2,x_2)$只是距离$\tau=x_2-x_1$的函数，与具体位置e_1，e_2本身无关。所谓随机场局部平均理论，是将随机场在定义区域内进行网格离散，N维随机场$\{X(R),R\in R^N\}$均可被离散成为随机变量$\{X_1,X_2,\cdots,X_N\}$，随机变量X_i的总数取决于随机场的个数和网格数目，各随机变量的统计特征可由各随机场单元的均值$E[X_i(R)]$、方差$\mathrm{Var}[X_i(R)]$来描述，随机变量之间的相关性可以由协方差$\mathrm{Cov}[X_i(R),X_j(R)]$来描述。

1）局部平均随机场的数字特征

将井壁混凝土不确定性参数建模为三维随机场后，便可进行三维随机场空间的局部平均离散。在三维不确定性问题分析中，首先假定随机场的均值函数为零，设$P(x,y,z)$表示平面上的一个点，随机函数$X(P)$构成一个三维零均值的连续宽平稳随机场。引进面积坐标变换，试图将任意四面体转变为图5-1所示的四面体，从而使协方差积分运算大大简化。

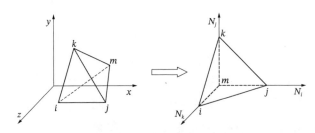

图 5-1　三维面积坐标变换

$$\begin{aligned}&\mathrm{Cov}(X_e,X_{e'})\\&=\frac{\sigma^2}{V_eV_{e'}}\int_{\Omega_e}\int_{\Omega_{e'}}\rho(|x-x'|,|y-y'|,|z-z'|)\,\mathrm{d}x\,\mathrm{d}x'\,\mathrm{d}y\,\mathrm{d}y'\,\mathrm{d}z\,\mathrm{d}z'\end{aligned}$$

$$(5\text{-}13)$$

式(5-13)即为协方差矩阵的解析计算法表达式，在给定标准相关系数$\rho(\xi,\eta,\psi)$表达式的情况下便可采用该式直接积分计算出解析解。

当标准相关系数$\rho(\xi,\eta,\psi)$表达式较简单时，可以直接采用式(5-13)求出精确解；当标准相关系数$\rho(\xi,\eta,\psi)$表达式较复杂时，式(5-13)求解计算量仍然较大，为此，提出一种数值计算方法：

$$\begin{aligned}&\mathrm{Cov}(X_{\mathrm{e}},X_{\mathrm{e}'})\\&=36\sigma^2\int_{\Omega_{\mathrm{e}}}\int_{\Omega_{\mathrm{e}}'}\rho(|x-x'|,|y-y'|,|z-z'|)\,\mathrm{d}N_i\,\mathrm{d}N_i'\,\mathrm{d}N_j\,\mathrm{d}N_j'\,\mathrm{d}N_k\,\mathrm{d}N_k'\end{aligned}$$

$$(5\text{-}14)$$

给定标准相关系数$\rho(g)$的表达式，便可采用该式直接计算出数值积分解。

2）相关距离与方差折减函数

根据随机场相关距离的数学定义，积分随机场标准相关系数可直接求得相关距离值：

$$\begin{aligned}\theta&=\lim_{x\to\infty}\left[x\cdot\frac{2}{x}\int_0^x\left(1-\frac{\xi}{x}\right)\rho(\xi)\,\mathrm{d}\xi\right]\\&=\lim_{x\to\infty}\left[2\int_0^x\rho(\xi)\,\mathrm{d}\xi-\frac{2}{x}\int_0^x\xi\rho(\xi)\,\mathrm{d}\xi\right]=2\int_0^\infty\rho(\xi)\,\mathrm{d}\xi\end{aligned}\quad(5\text{-}15)$$

引进随机场单边谱密度函数$G(\omega)$，随机场相关距离，可进一步依据下式进行简化：

$$\theta=\frac{\pi G(0)}{\sigma^2}\quad(5\text{-}16)$$

式中：$G(0)$——频率为零处的单边谱密度。

分析表明，局部平均随机场的方差与协方差均与方差折减函数密切相关，确定方差折减函数可以利用标准相关系数确定，也可以利用相关距离近似确定。根据局部平均随机场具有对原随机场相关结构不敏感的特点。对于常见的宽平稳随机场，方差折减函数可近似简化为：

$$\Gamma^2(L)=\left[1+(L/\theta)^m\right]^{-1/m}\quad(5\text{-}17)$$

参数m控制着方差函数在$L=\theta$附近的取值水平，通常m取 1～3 之间的值，由式(5-17)可以看出，只要确定了相关距离θ和控制参数m，方差折减函数$\Gamma^2(L)$即可很方便地求出。

3）局部平均随机场的独立变换与样本生成

宽平稳随机场经局部平均理论离散化后，原随机场的统计特性可用有限个随机变量的均值与协方差近似描述。协方差矩阵为满秩矩阵，对大型复杂结构来说，要用大量的随机变量来描述，无论是采用泰勒展开随机有限元法（TSFEM）、摄动随机有限元法（PSFEM）、纽曼随机有限元法（NSFEM），其计算量均很大。若能将相关随机变量进行独立变换，得到一组不相关的随机变量，其计算量大大减小。

（1）Cholesky 分解变换

假定局部平均法求得的协方差矩阵为$A = [\text{Cov}(\alpha_i, \alpha_j)]$，对应的待求相关随机向量为$\boldsymbol{\alpha} = [\alpha_1, \alpha_2, \cdots, \alpha_N]^T$，由于协方差矩阵一般为对称正定满秩矩阵，因此可以采用 Cholesky 分解将矩阵$\boldsymbol{A}$分解为下三角阵$\boldsymbol{L}$和上三角阵$\boldsymbol{L}^T$的乘积，使得$\boldsymbol{A} = \boldsymbol{L}\boldsymbol{L}^T$，构造一个不相关标准正态随机向量$\boldsymbol{\beta} = [\beta_1, \beta_2, \cdots, \beta_N]^T$，则局部平均随机向量为：

$$\boldsymbol{\alpha} = \boldsymbol{L}\boldsymbol{\beta} \tag{5-18}$$

其协方差为：

$$\begin{aligned}\text{Cov}(\boldsymbol{\alpha}, \boldsymbol{\alpha}^T) &= E[(\boldsymbol{\alpha} - \boldsymbol{m})(\boldsymbol{\alpha} - \boldsymbol{m})^T] = E[\boldsymbol{\alpha}\boldsymbol{\alpha}^T] \\ &= E[\boldsymbol{L}\boldsymbol{\beta}(\boldsymbol{L}\boldsymbol{\beta})^T] = \boldsymbol{L}E(\boldsymbol{\beta}\boldsymbol{\beta}^T)\boldsymbol{L}^T = \boldsymbol{L}\boldsymbol{L}^T = \boldsymbol{A}\end{aligned} \tag{5-19}$$

式中：$\boldsymbol{m}$——相关随机向量$\boldsymbol{\alpha}$的均值向量。

（2）特征正交化变换

Gram-Schmidt 特征正交化变换方法的实质是将相关随机变量进行独立变换，得到一组不相关的随机变量。由于协方差矩阵为实对称非负定矩阵，根据矩阵特征值理论，实对称矩阵的特征值都是实数，并且对于n阶实对称矩阵，必存在n个线性无关的正交特征向量。

假定局部平均法求得的协方差矩阵为$A = [\text{Cov}(\alpha_i, \alpha_j)]$，对应的待求相关随机向量为$\boldsymbol{\alpha} = [\alpha_1, \alpha_2, \cdots, \alpha_N]^T$，构造一个不相关随机向量$\boldsymbol{\beta} = [\beta_1, \beta_2, \cdots, \beta_N]^T$，其对应的对角方差矩阵为$\boldsymbol{B} = [\text{Var}(\beta_i)]_{M \times M}$，$\boldsymbol{P}$为一线性变换矩阵，由对称矩阵特征值及特征向量相关理论，存在如下关系：

$$\boldsymbol{P}^{-1}\boldsymbol{A}\boldsymbol{P} = \boldsymbol{P}^T\boldsymbol{A}\boldsymbol{P} = \boldsymbol{B} \tag{5-20}$$

$$\boldsymbol{\alpha} = \boldsymbol{P}\boldsymbol{\beta} \tag{5-21}$$

$$\begin{aligned}\text{Cov}(\boldsymbol{\alpha}, \boldsymbol{\alpha}^T) &= E[(\boldsymbol{\alpha} - \boldsymbol{m})(\boldsymbol{\alpha} - \boldsymbol{m})^T] = E[\boldsymbol{\alpha}\boldsymbol{\alpha}^T] = E[\boldsymbol{P}\boldsymbol{\beta}(\boldsymbol{P}\boldsymbol{\beta})^T] \\ &= \boldsymbol{P}E(\boldsymbol{\beta}\boldsymbol{\beta}^T)\boldsymbol{P}^T = \boldsymbol{P}[\text{Var}(\beta_i)]\boldsymbol{P}^T = \boldsymbol{P}\boldsymbol{B}\boldsymbol{P}^T = \boldsymbol{P}\boldsymbol{B}\boldsymbol{P}^{-1} = \boldsymbol{A}\end{aligned}$$

$$\tag{5-22}$$

式中：$\boldsymbol{P}$——协方差矩阵$\boldsymbol{A}$的特征向量矩阵；

$\boldsymbol{B}$——协方差矩阵$\boldsymbol{A}$的特征值矩阵。

5.2　井壁力学特性随机有限元分析方法

5.2.1　随机有限元分析方法

随机有限元法（Stochastic finite element method，SFEM)也称概率有限元法（Probabilistic finite element method，PFEM)，该方法是随机分析理论与确定性有限元方法相结合的产物，是在传统有限元方法基础上发展起来的随机数值分析方法，能有效解决试验与工程应用中的不确定性问题。一般来说，研究不确定系统的方法与手段可分为两大类：一类是统计方法，就是通过大量随机抽样，对结构反复进行有限元计算，将得到的计算结果做统计分析，得到研究系统的失效概率及可靠度，这种方法就是蒙特卡罗（Monte-Carlo）随机有限元法。另一类是分析方法，就是以数学、力学分析作为工具，找出结构系统输出随机信号与输入随机信号之间的关系，并据此得到输出信号的统计规律，从而得到研究系统的失效概率及可靠度。这一类随机有限元方法主要包括 TSFEM、PSFEM、NSFEM 及验算点随机有限元法等。

目前，普遍使用的随机有限元法有 Monte-Carlo 随机有限元法、TSFEM、PSFEM、NSFEM，各方法的优缺点见表 5-1，总体可概括为：NSFEM 比一阶 TSFEM 和一阶 PSFEM 计算效率低，比二阶 TSFEM 和二阶 PSFEM 计算效率高；只要给定 NSFEM 的迭代误差足够小，可以将 Neumann 展开式取至任意项，而 TSFEM 和 PSFEM 无法考虑二阶以上的高阶项；NSFEM 可以得到响应量的任意阶统计量，而 TSFEM 和 PSFEM 只能得出一阶、二阶统计量；一阶 TSFEM 和一阶 PSFEM 简单明了，易于编程；二阶 TSFEM 和二阶 PSFEM 编程非常复杂；而 NSFEM 可以很方便地调用确定性有限元计算程序；随机变量的变异系数小于 0.2 时，NSFEM 与一阶 TSFEM 和一阶 PSFEM 具有相当的精度；随机变量的变异系数大于 0.2 时，一阶 TSFEM 和一阶 PSFEM 已不能满足精度要求，需采用计算量十分庞大的二阶 TSFEM 和二阶 PSFEM，而 NSFEM 仍能得到较为满意的结果。项目采用 NSFEM，它具有可分析任意阶统计量的较大变异、计算精度高、编程较为方便、计算效率较高等特点。

表 5-1　随机有限元法优缺点对比

随机有限元方法	效率	精度	统计量	编程	应用条件
一阶 TSFEM	高	低	一阶、二阶	易	小变异
一阶 PSFEM	高	低	一阶、二阶	易	小变异
二阶 TSFEM	低	中	一阶、二阶	难	较大变异
二阶 PSFEM	低	中	一阶、二阶	难	较大变异
Monte-Carlo	低	高	任意阶	易	大变异
NSFEM	较高	高	任意阶	较易	较大变异

5.2.2　本构关系的数值算法实现

（1）应力-应变关系

根据经典的弹塑性理论，总应变增量可以分为弹性应变增量和塑性应变增量两部分，应力应变关系为：

$$\mathrm{d}\sigma_{ij} = C_{ijkl}^{\mathrm{e}}\,\mathrm{d}\varepsilon_{kl}^{\mathrm{e}} = C_{ijkl}^{\mathrm{e}}\left(\mathrm{d}\varepsilon_{kl} - \mathrm{d}\varepsilon_{kl}^{\mathrm{p}}\right) = C_{ijkl}^{\mathrm{ep}}\,\mathrm{d}\varepsilon_{kl} \tag{5-23}$$

式中：C_{ijkl}^{e}——弹性张量；

C_{ijkl}^{ep}——弹塑性张量。

根据广义胡克定律，弹性张量 C_{ijkl}^{e} 的具体表达式为：

$$C_{ijkl}^{\mathrm{e}} = \left(K - \frac{2}{3}G\right)\delta_{ij}\delta_{kl} + G\left(\delta_{ik}\delta_{jl} + \delta_{il}\delta_{jk}\right) \tag{5-24}$$

其中，K 为弹性体积模量，G 为剪切模量，δ_{ij}、δ_{kl}、δ_{ik}、δ_{jl}、δ_{il}、δ_{jk} 均为克罗内克符号。

写成矩阵形式为：

$$[\boldsymbol{C}]^{\mathrm{e}} = \begin{bmatrix} \left(K+\frac{4}{3}G\right) & \left(K-\frac{2}{3}G\right) & \left(K-\frac{2}{3}G\right) & 0 & 0 & 0 \\ \left(K-\frac{2}{3}G\right) & \left(K+\frac{4}{3}G\right) & \left(K-\frac{2}{3}G\right) & 0 & 0 & 0 \\ \left(K-\frac{2}{3}G\right) & \left(K-\frac{2}{3}G\right) & \left(K+\frac{4}{3}G\right) & 0 & 0 & 0 \\ 0 & 0 & 0 & G & 0 & 0 \\ 0 & 0 & 0 & 0 & G & 0 \\ 0 & 0 & 0 & 0 & 0 & G \end{bmatrix} \tag{5-25}$$

塑性应变增量由塑性位势理论确定：

$$\mathrm{d}\varepsilon_{ij}^{\mathrm{p}} = \mathrm{d}\lambda \frac{\partial g}{\partial \sigma_{ij}} \tag{5-26}$$

式中：$\mathrm{d}\lambda$——塑性标量因子。

屈服函数 f 可简记为：

$$f\left[\sigma_{ij}, H\left(\varepsilon_{ij}^{\mathrm{p}}\right)\right] = 0 \tag{5-27}$$

微分式(5-27)可得：

$$\mathrm{d}f = \frac{\partial f}{\partial \sigma_{ij}} \mathrm{d}\sigma_{ij} + \frac{\partial f}{\partial H} \frac{\partial H}{\partial \varepsilon_{ij}^{\mathrm{p}}} \mathrm{d}\varepsilon_{ij}^{\mathrm{p}} = 0 \tag{5-28}$$

因此，塑性标量因子 $\mathrm{d}\lambda$ 的具体表达式可写为：

$$\mathrm{d}\lambda = \frac{\dfrac{\partial f}{\partial \sigma_{ij}} C_{ijkl}^{\mathrm{e}} \mathrm{d}\varepsilon_{kl}}{-\dfrac{\partial f}{\partial H} \dfrac{\partial H}{\partial \varepsilon_{ij}^{\mathrm{p}}} \dfrac{\partial g}{\partial \sigma_{ij}} + \dfrac{\partial f}{\partial \sigma_{ij}} C_{ijkl}^{\mathrm{e}} \dfrac{\partial g}{\partial \sigma_{kl}}} \tag{5-29}$$

弹塑性张量 C_{ijkl}^{ep} 的具体表达式可写为：

$$C_{ijkl}^{\mathrm{ep}} = C_{ijkl}^{\mathrm{e}} - \frac{C_{ijmn}^{\mathrm{e}} \dfrac{\partial g}{\partial \sigma_{mn}} \dfrac{\partial f}{\partial \sigma_{st}} C_{stkl}^{\mathrm{e}}}{-\dfrac{\partial f}{\partial H} \dfrac{\partial H}{\partial \varepsilon_{ij}^{\mathrm{p}}} \dfrac{\partial g}{\partial \sigma_{ij}} + \dfrac{\partial f}{\partial \sigma_{ij}} C_{ijkl}^{\mathrm{e}} \dfrac{\partial g}{\partial \sigma_{kl}}}$$

$$= C_{ijkl}^{\mathrm{e}} - \frac{C_{ijmn}^{\mathrm{e}} \dfrac{\partial g}{\partial \sigma_{mn}} \dfrac{\partial f}{\partial \sigma_{st}} C_{stkl}^{\mathrm{e}}}{A + \dfrac{\partial f}{\partial \sigma_{ij}} C_{ijkl}^{\mathrm{e}} C_{ijkl}^{\mathrm{e}} \dfrac{\partial g}{\partial \sigma_{kl}}} = C_{ijkl}^{\mathrm{e}} - C_{ijkl}^{\mathrm{p}} \tag{5-30}$$

其中，$A = -\dfrac{\partial f}{\partial H} \dfrac{\partial H}{\partial \varepsilon_{ij}^{\mathrm{p}}} \dfrac{\partial g}{\partial \sigma_{ij}}$。

由上式可知，有限元的实现需要对屈服函数 f、塑性势函数 g 求解任一应力分量的一阶导数。采用屈服函数 f 与塑性势函数 g 相等的相关流动法则，故只需进行屈服函数 f 的微分运算。根据复合函数求导法则有：

$$\frac{\partial f}{\partial \boldsymbol{\sigma}} = \frac{\partial g}{\partial \boldsymbol{\sigma}} = \frac{\partial f}{\partial I_1} \frac{\partial I_1}{\partial \boldsymbol{\sigma}} + \frac{\partial f}{\partial \sqrt{J_2}} \frac{\partial \sqrt{J_2}}{\partial \boldsymbol{\sigma}} + \frac{\partial f}{\partial \theta} \frac{\partial \theta}{\partial \boldsymbol{\sigma}} \tag{5-31}$$

其中，$\qquad \boldsymbol{\sigma}^{\mathrm{T}} = [\sigma_{11} \ \sigma_{22} \ \sigma_{33} \ \sigma_{12} \ \sigma_{23} \ \sigma_{13}]$

$$\frac{\partial \theta}{\partial \boldsymbol{\sigma}} = \frac{\sqrt{3}}{2 \sin 3\theta} \left[\frac{1}{(J_2)^{3/2}} \frac{\partial J_3}{\partial \boldsymbol{\sigma}} - \frac{3 J_3}{(J_2)^2} \frac{\partial \sqrt{J_2}}{\partial \boldsymbol{\sigma}} \right] \tag{5-32}$$

将式(5-31)代入式(5-32)，整理可得：

$$\frac{\partial f}{\partial \boldsymbol{\sigma}} = \frac{\partial g}{\partial \boldsymbol{\sigma}} = \frac{\partial f}{\partial I_1}\frac{\partial I_1}{\partial \boldsymbol{\sigma}} + \left[\frac{\partial f}{\partial \sqrt{J_2}} + \frac{\partial f}{\partial \theta}\frac{\cot 3\theta}{\sqrt{J_2}}\right]\frac{\partial \sqrt{J_2}}{\partial \boldsymbol{\sigma}} + \frac{\partial f}{\partial \theta}\frac{\sqrt{3}}{2\sin 3\theta}\frac{1}{(J_2)^{3/2}}\frac{\partial J_3}{\partial \boldsymbol{\sigma}}$$

$$(5\text{-}33)$$

根据基本应力张量公式可得：

$$\frac{\partial I_1}{\partial \boldsymbol{\sigma}} = \begin{bmatrix} 1 \\ 1 \\ 1 \\ 0 \\ 0 \\ 0 \end{bmatrix}, \quad \frac{\partial I_2}{\partial \boldsymbol{\sigma}} = \begin{bmatrix} \sigma_{22} + \sigma_{33} \\ \sigma_{11} + \sigma_{33} \\ \sigma_{11} + \sigma_{22} \\ -2\sigma_{12} \\ -2\sigma_{23} \\ -2\sigma_{13} \end{bmatrix}, \quad \frac{\partial I_3}{\partial \boldsymbol{\sigma}} = \begin{bmatrix} \sigma_{22}\sigma_{33} - \sigma_{23}^2 \\ \sigma_{11}\sigma_{33} - \sigma_{13}^2 \\ \sigma_{11}\sigma_{22} - \sigma_{12}^2 \\ 2(\sigma_{23}\sigma_{13} - \sigma_{33}\sigma_{12}) \\ 2(\sigma_{12}\sigma_{13} - \sigma_{11}\sigma_{23}) \\ 2(\sigma_{12}\sigma_{23} - \sigma_{22}\sigma_{13}) \end{bmatrix} \quad (5\text{-}34)$$

根据基本应力张量公式可得：

$$\frac{\partial J_1}{\partial \boldsymbol{\sigma}} = \begin{bmatrix} 1 \\ 1 \\ 1 \\ 0 \\ 0 \\ 0 \end{bmatrix}, \quad \frac{\partial J_2}{\partial \boldsymbol{\sigma}} = \begin{bmatrix} \frac{2}{3}I_1 - (\sigma_{22} + \sigma_{33}) \\ \frac{2}{3}I_1 - (\sigma_{11} + \sigma_{33}) \\ \frac{2}{3}I_1 - (\sigma_{11} + \sigma_{22}) \\ 2\sigma_{12} \\ 2\sigma_{23} \\ 2\sigma_{13} \end{bmatrix},$$

$$\frac{\partial J_3}{\partial \boldsymbol{\sigma}} = \begin{bmatrix} \left(\frac{2}{9}I_1^2 - \frac{1}{3}I_2\right) + (\sigma_{22} + \sigma_{33})\left(-\frac{1}{3}I_1\right) + (\sigma_{22}\sigma_{33} - \sigma_{23}^2) \\ \left(\frac{2}{9}I_1^2 - \frac{1}{3}I_2\right) + (\sigma_{11} + \sigma_{33})\left(-\frac{1}{3}I_1\right) + (\sigma_{11}\sigma_{33} - \sigma_{13}^2) \\ \left(\frac{2}{9}I_1^2 - \frac{1}{3}I_2\right) + (\sigma_{11} + \sigma_{22})\left(-\frac{1}{3}I_1\right) + (\sigma_{11}\sigma_{22} - \sigma_{12}^2) \\ (2\sigma_{23}\sigma_{13} - 2\sigma_{33}\sigma_{12}) + \left(\frac{2\sigma_{12}}{3}I_1\right) \\ (2\sigma_{12}\sigma_{13} - 2\sigma_{11}\sigma_{23}) + \left(\frac{2\sigma_{23}}{3}I_1\right) \\ (2\sigma_{12}\sigma_{23} - 2\sigma_{22}\sigma_{13}) + \left(\frac{2\sigma_{13}}{3}I_1\right) \end{bmatrix} \quad (5\text{-}35)$$

依据莫尔-库仑（Mohr-Coulomb）准则，屈服面函数形式为：

$$f = p \sin\varphi + \frac{q}{6}\left[\left(\cos\theta - \sqrt{3}\sin\theta\right)\sin\varphi - \left(3\cos\theta + \sqrt{3}\sin\theta\right)\right] + c\cos\varphi$$

$$(5\text{-}36)$$

式中：f——屈服函数；

　　　p——正应力；

　　　q——剪应力；

　　　θ——极偏角；

　　　c——黏聚力；

　　　φ——内摩擦角。

求导即可求出应力应变关系的具体形式。

（2）数值实现思路及算法

有限元数值计算中，每一个荷载增量步均需要对每一个混凝土材料单元进行刚度矩阵的求解与整体刚度矩阵的组装。显然，一个变形体中各点的应力状态是不相同的，且随着加-卸载而变化，变形体受外力作用时，从一个区域到另一个区域，等效应力逐渐达到屈服极限，随即进入塑性屈服状态。这就是说，变形体中的各单元应力和应变状态不一样，随着加-卸载而变化，且各有各的变化规律。因此，需要对变形体内的单元进行分类讨论与分析，本项目采用变刚度法进行单元刚度矩阵计算及整体刚度矩阵的组装，计算思路总体可分为以下几步：

第一步：单元状态分类。

对应于一个荷载增量步$\{\Delta R\}$过程，变形体内各网格单元状态可分为弹性单元、塑性单元和过渡单元，各类单元有不同的本构关系和单元刚度矩阵。根据增量步初始应力值σ_{ij}^n、初始应变值ε_{kl}^n和塑性硬化参数$H(\varepsilon_v^p)^n$，计算相应的平均正应力p、广义剪应力q、Lode 角θ、临界应力比$M(\theta)$及等效应力$\bar{\sigma}$。将等效应力$\bar{\sigma}$与当前塑性硬化参数$H(\varepsilon_v^p)^n$进行比较，由公式$f^n = f(\bar{\sigma}, H^n)$判断材料单元当前是否处于屈服状态，等效应力$\bar{\sigma}$按如下公式计算：

$$\bar{\sigma} = \ln\frac{p}{p_0} + \ln\left(1 + \frac{q^2}{M(\theta)^2 p(p + p_r)}\right)$$

$$(5\text{-}37)$$

当$f^n < 0$时，表明增量步开始时的应力处于屈服面以内，该单元为弹性状态；当$f^n = 0$时，表明增量步开始时的应力处于屈服面上，该单元为塑性状态。由于增量步的作用，弹性状态单元在加载作用下可转变为塑性状态单元，塑性

状态单元在卸载作用下可转变为弹性单元，单元的分类需要综合考虑单元的初始状态以及增量步的作用，图 5-2 给出了所有可能的情况。

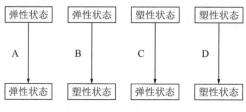

图 5-2　单元状态情况

A 过程对应着弹性状态单元的卸荷与弹性加荷阶段，该单元定义为弹性单元。B 过程对应着弹性状态单元的弹性加荷和塑性加荷阶段，该单元定义为过渡单元；对于 B 过程，有一种特殊情况，即荷载步作用结束后，材料单元刚好达到屈服，该单元定义为弹性单元。C 过程对应着塑性状态单元的卸荷阶段，该单元定义为弹性单元。D 过程对应着塑性状态单元的塑性加载阶段，该单元定义为塑性单元。

第二步：计算单元刚度矩阵。

对于弹性单元，等效应力一直未进入屈服面，应力应变为弹性对应关系，单元刚度矩阵 $[k]^{\mathrm{e}}$ 为：

$$[k]^{\mathrm{e}} = \iiint [B]^{\mathrm{T}}[C]^{\mathrm{e}}[B]\,\mathrm{d}V \tag{5-38}$$

式中：$[B]$——应变—位移转换矩阵，当采用不同的有限元网格单元离散时，该矩阵有不同的表达式，具体计算方法在下一章确定性有限元分析中详细描述。

对于塑性单元，等效应力从一个塑性屈服面进入另一个塑性屈服面，应力与应变不再是弹性关系，弹塑性张量 C_{ijkl}^{ep} 中含有应力，它是加载过程的函数，直接求解比较困难，通常采用增量形式来近似代替微分形式，单元刚度矩阵 $[k]^{\mathrm{ep}}$ 为：

$$[k]^{\mathrm{ep}} = \iiint [B]^{\mathrm{T}}[C]^{\mathrm{ep}}[B]\,\mathrm{d}V \tag{5-39}$$

对于过渡单元，等效应力从弹性状态进入塑性屈服状态，应力应变为弹性关系与弹塑性关系的组合，单元刚度矩阵 $[k]^{\mathrm{g}}$ 为：

$$[k]^{\mathrm{g}} = \iiint [B]^{\mathrm{T}}[C]^{\mathrm{g}}[B]\,\mathrm{d}V \tag{5-40}$$

式中：$[C]^{\mathrm{g}}$——加权平均弹塑性矩阵，其求解方法在过渡单元分析中详细描述。

第三步：计算整体刚度矩阵。

对于整体来说，获得各单元刚度矩阵便可采用式(5-41)计算整体刚度矩阵：

$$[K] = \sum_{i=1}^{n_1}[k]_i^{\mathrm{e}} + \sum_{j=1}^{n_2}[k]_j^{\mathrm{ep}} + \sum_{m=1}^{n_3}[k]_m^{\mathrm{g}} \tag{5-41}$$

式中：　　　　$[K]$——整体刚度矩阵；

　　n_1、n_2、n_3——弹性单元、塑性单元和过渡单元的数量；

$[k]^{\mathrm{e}}$、$[k]^{\mathrm{ep}}$、$[k]^{\mathrm{g}}$——弹性单元、塑性单元和过渡单元的单元刚度矩阵。

第四步：计算节点位移增量。

在加载过程中，各单元的状态是变化的，为此整体刚度矩阵也是变化的。数值计算中，每增加一个载荷增量，就得重新计算各单元矩阵，并重新组装整体刚度矩阵。获得整体刚度矩阵之后，便可根据下列载荷和位移的线性方程组求解出未知的节点位移增量。

$$[K]\{\Delta\delta\} = \{\Delta R\} \tag{5-42}$$

式中：$\{\Delta\delta\}$——位移增量矩阵；

　　$\{\Delta R\}$——荷载增量矩阵。

第五步：计算单元应变增量。

根据节点位移增量便能求得各单元的应变增量：

$$\{\Delta\varepsilon\} = [B]\{\Delta\delta\} \tag{5-43}$$

第六步：计算单元应力增量。

根据单元应变增量及单元状态（弹性单元，塑性单元和过渡单元）便可求得各单元应力增量：

$$\left.\begin{array}{l}\{\Delta\sigma\} = [C]^{\mathrm{e}}\{\Delta\varepsilon\} \\ \{\Delta\sigma\} = [C]^{\mathrm{ep}}\{\Delta\varepsilon\} \\ \{\Delta\sigma\} = [C]^{\mathrm{g}}\{\Delta\varepsilon\}\end{array}\right\} \tag{5-44}$$

5.2.3　分析模型

（1）简化模型

井壁混凝土力学特性分析模型可简化为如图 5-3 所示。

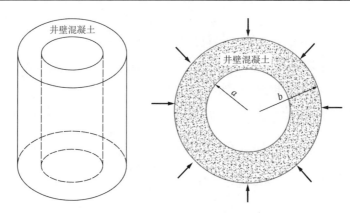

图 5-3　井壁力学特性分析模型图

a-井壁内半径；b-井壁外半径

（2）控制微分方程与有限元公式

根据井壁混凝土微元体的受力平衡条件可得如下平衡微分方程：

$$[\partial]^{\mathrm{T}}\{\sigma\} - \{f\} = 0 \tag{5-45}$$

式中：$[\partial]$——矩阵微分算子；

$\{\sigma\}$——应力列向量；

$\{f\}$——单元土体体力列向量。

根据基本几何关系可得混凝土应变和位移之间的几何方程：

$$\{\varepsilon\} = -[\partial]\{u\} \tag{5-46}$$

式中：$\{\varepsilon\}$——应变列向量；

$\{u\}$——位移列向量。

计算区域增量形式的应力—应变关系为：

$$\left.\begin{array}{l} \{\mathrm{d}\sigma\} = [C]^{\mathrm{e}}\{\mathrm{d}\varepsilon\} \\ \{\mathrm{d}\sigma\} = [C]^{\mathrm{ep}}\{\mathrm{d}\varepsilon\} \\ \{\mathrm{d}\sigma\} = [C]^{\mathrm{g}}\{\mathrm{d}\varepsilon\} \end{array}\right\} \tag{5-47}$$

式中：$[C]^{\mathrm{e}}$——弹性矩阵；

$[C]^{\mathrm{ep}}$——弹塑性矩阵；

$[C]^{\mathrm{g}}$——加权平均弹塑性矩阵。

在确定性有限元分析中，平衡方程一般以虚功方程给出，设物体的体积为 V，面力作用的表面为 S，t 荷载步的应力列向量为 $\{\sigma\}_t$，体力列向量为 $\{f\}_t$，面力列向量为 $\{\bar{f}\}_t$，虚应变列向量为 $\delta\{\varepsilon\}$，虚位移列向量为 $\delta\{u\}$，则虚功方程可表示为：

$$\int_V \delta\{\varepsilon\}^{\mathrm{T}}\{\sigma\}_t \, \mathrm{d}V = \int_V \delta\{u\}^{\mathrm{T}}\{f\}_t \, \mathrm{d}V + \int_S \delta\{u\}^{\mathrm{T}}\{\overline{f}\}_t \, \mathrm{d}S \tag{5-48}$$

将研究对象划分成有限个网格单元，单元节点的位移列向量用$\{\delta\}$表示，则单元内任意一点的位移和该单元节点位移间的关系可以写成：

$$\{u\} = [N]\{\delta\} \tag{5-49}$$

式中：$[N]$——已知的插值函数矩阵，亦称形函数矩阵。

根据几何方程式，单元内任意一点的应变和该单元节点位移之间的关系为：

$$\{\varepsilon\} = [B]\{\delta\} \tag{5-50}$$

式中：$[B]$——应变—位移转换矩阵，亦称几何函数矩阵。

进一步可得：

$$\int_V \delta\{\delta\}^{\mathrm{T}}[B]^{\mathrm{T}}\{\sigma\}_t \, \mathrm{d}V = \int_V \delta\{\delta\}^{\mathrm{T}}[N]^{\mathrm{T}}\{f\}_t \, \mathrm{d}V + \int_S \delta\{\delta\}^{\mathrm{T}}[N]^{\mathrm{T}}\{\overline{f}\}_t \, \mathrm{d}S$$

$$\tag{5-51}$$

式(5-51)中，$\delta\{\delta\}^{\mathrm{T}}$是由单元节点的虚位移构成的行向量，对于网格单元来说，节点位移与单元内的坐标无关，$\delta\{\delta\}^{\mathrm{T}}$可提出到积分号外并消去，因此有：

$$\int_V [B]^{\mathrm{T}}\{\sigma\}_t \, \mathrm{d}V = \int_V [N]^{\mathrm{T}}\{f\}_t \, \mathrm{d}V + \int_S [N]^{\mathrm{T}}\{\overline{f}\}_t \, \mathrm{d}S \tag{5-52}$$

上式即是确定性有限单元法的基本求解方程。

记$t + \Delta t$荷载步的应力列向量为$\{\sigma\}_{t+\Delta t}$，体力列向量为$\{f\}_{t+\Delta t}$，面力列向量为$\{\overline{f}\}_{t+\Delta t}$，则有：

$$\int_V [B]^{\mathrm{T}}\{\sigma\}_{t+\Delta t} \, \mathrm{d}V = \int_V [N]^{\mathrm{T}}\{f\}_{t+\Delta t} \, \mathrm{d}V + \int_S [N]^{\mathrm{T}}\{\overline{f}\}_{t+\Delta t} \, \mathrm{d}S$$

$$\tag{5-53}$$

因为：

$$\left.\begin{array}{l} \{\sigma\}_{t+\Delta t} = \{\sigma\}_t + \{\Delta\sigma\} \\ \{f\}_{t+\Delta t} = \{f\}_t + \{\Delta f\} \\ \{\overline{f}\}_{t+\Delta t} = \{\overline{f}\}_t + \{\Delta\overline{f}\} \end{array}\right\} \tag{5-54}$$

所以：

$$\int_V [B]^{\mathrm{T}}\{\Delta\sigma\} \, \mathrm{d}V = \int_V [N]^{\mathrm{T}}\{\Delta f\} \, \mathrm{d}V + \int_S [N]^{\mathrm{T}}\{\Delta\overline{f}\} \, \mathrm{d}S \tag{5-55}$$

实际数值计算中，将体力列向量的荷载效应考虑到初始条件中，t荷载步的体力列向量$\{f\}_t$与$t+\Delta t$荷载步的体力列向量$\{f\}_{t+\Delta t}$不变，因此，可进一步简化为：

$$\int_V [B]^{\mathrm{T}}\{\Delta\sigma\}\,\mathrm{d}V = \int_S [N]^{\mathrm{T}}\{\Delta\overline{f}\}\,\mathrm{d}S \tag{5-56}$$

对于每一个增量步，依据研究对象内单元的变形状态可将其计算区域分为弹性区、塑性区和过渡区。若以V^e表示弹性区，则在V^e区域内，应力和应变之间的关系由胡克定律来确定；若以V^{ep}表示塑性区，则在V^{ep}区域内，应力和应变之间的关系由普朗特-路伊斯方程确定；若以V^g表示过渡区，则在V^g区域内，应力和应变之间的关系由胡克定律和普朗特-路伊斯方程综合来确定。对于整个计算区域，存在如下关系：

$$V = V^e + V^{ep} + V^g \tag{5-57}$$

进一步推导，可得：

$$[K]\{\Delta\delta\} = \{\Delta R\} \tag{5-58}$$

其中：

$$
\begin{aligned}
[K] &= \sum_{i=1}^{n_1}[k]_i^e + \sum_{j=1}^{n_2}[k]_j^{ep} + \sum_{m=1}^{n_3}[k]_m^g \\
&= \int_{V^e}[B]^{\mathrm{T}}[C]^e[B]\,\mathrm{d}V + \int_{V^e}[B]^{\mathrm{T}}[C]^{ep}[B]\,\mathrm{d}V + \int_{V^e}[B]^{\mathrm{T}}[C]^g[B]\,\mathrm{d}V
\end{aligned}
\tag{5-59}
$$

式(5-59)即是确定性变刚度弹塑性有限单元法的基本求解方程，结合弹塑性矩阵$[C^{ep}]$及变位移转换矩阵$[B]$的具体表达式，即可求得$\{\Delta\delta\}$的样本值。

（3）力学参数的随机场描述

从确定性有限单元法计算应力场与变形场的基本方程及推导过程可以看出，影响冻结井壁结构应力场与变形场的基本力学参数是黏聚力c、内摩擦角φ及泊松比υ。考虑温度对混凝土材料基本力学参数的影响，混凝土的黏聚力、内摩擦角以及泊松比与温度的关系可用式(5-60)～式(5-62)表示。

混凝土抗压强度与温度的关系：

$$
\begin{gathered}
f_{cu}^{T} = f_{cu}(1 + H_c) \\
H_c = (0.152 - 0.44T)w \quad (-60^{\circ}\mathrm{C} \leqslant T \leqslant 0^{\circ}\mathrm{C})
\end{gathered}
\tag{5-60}
$$

式中：w——含水率。

混凝土抗拉强度与温度的关系：

$$f_{pt}^T = f_t(1 + H_{pt})$$
$$H_{pt} = (0.27 - 1.38T)w \quad (-60℃ \leqslant T \leqslant 0℃) \tag{5-61}$$

混凝土抗压强度与抗拉强度的关系：

$$f_{pt}^T = \alpha(f_{cu}^T)^{0.55}$$
$$\alpha = \begin{cases} 0.414 + 0.001T & (-20℃ \leqslant T \leqslant 0℃) \\ 0.36 - 0.00155T & (-80℃ \leqslant T \leqslant -20℃) \end{cases} \tag{5-62}$$

将基本力学参数以及试验参数分别模拟为一个连续宽平稳随机场$X(x,y)$，根据前文提出的四面体单元局部平均法，采用四面体单元进行随机场网格离散。依据随机温度场结果，即每一个随机场单元节点处的温度均值及标准差均已知，进而可以得到每一个随机场单元的温度均值及标准差，根据混凝土基本力学参数与温度间的影响关系式，便可获得每一个随机场单元力学参数的均值及标准差。

（4）混凝土随机力学特性 NSFEM 分析

井壁混凝土力学参数模拟为随机场之后，依据有限元方程、结构边界条件方程与初始条件方程，结合随机场及其局部平均理论便可采用 Monte-Carlo 法求冻结井壁随机变形场。Monte-Carlo 法求解准确，对变异系数没有特别的限制，避免了繁琐的理论推导，并且可以与确定性有限元完美结合。但由于每次抽样都要进行一次有限元分析，当有限元节点较多时，每次结构刚度总矩阵的求逆将占用大量的计算时间。为了解决矩阵求逆的效率问题，项目引进 Neumann 展开式，以提高计算速度。

Neumann 展开式主要应用于有限元典型方程式，依据变刚度弹塑性有限单元法得到的有限元方程可以直接应用，无需做任何变量代换，因此，随机变形场 NSFEM 分析方法与做变量代换后的随机温度场 NSFEM 分析方法类似，从而可以得到如下递推式：

$$\{\Delta\delta\} = \{\Delta\delta\}^{(0)} - \{\Delta\delta\}^{(1)} + \{\Delta\delta\}^{(2)} - \{\Delta\delta\}^{(3)} + \cdots \tag{5-63}$$
$$\{\Delta\delta\}^{(0)} = [K_0]^{-1}\{\Delta R\} \tag{5-64}$$
$$\{\Delta\delta\}^{(m)} = [K_0]^{-1}[\Delta K]\{\Delta\delta\}^{(m-1)} \quad (m = 1,2,\cdots) \tag{5-65}$$

式中：$[K_0]$——各随机参数在均值处的矩阵；

$[\Delta K]$——波动部分。

在获得变形场增量$\{\Delta\delta\}$后，便可根据几何方程及本构方程求得应力场增量$\{\Delta\sigma\}$，结合初始条件获得节点位移场$\{\delta\}$及应力场$\{\sigma\}$。记有限元节点位移列阵为δ、应力列阵为σ、位移均值列阵$E(\delta)$、位移标准差列阵$S(\delta)$、应力均值列阵$E(\sigma)$、应力标准差列阵$S(\sigma)$，根据数理统计基本理论，有：

$$E(\delta) = \frac{1}{N}\sum_{i=1}^{N}\delta_i, \ E(\sigma) = \frac{1}{N}\sum_{i=1}^{N}\sigma_i \tag{5-66}$$

$$S(\delta) = \sqrt{\frac{1}{N-1}\sum_{i=1}^{N}[\delta_i - E(\delta)]^2}, \ S(\sigma) = \sqrt{\frac{1}{N-1}\sum_{i=1}^{N}[\sigma_i - E(\sigma)]^2} \tag{5-67}$$

式中：δ_i——第i次计算得到的有限元节点温度列阵；

$\qquad N$——随机计算次数。

5.2.4 程序开发

（1）程序原理

由于随机分析涉及参数随机场网格数字特征的计算，传统有限元分析软件不能解决此类问题，本项目开发了随机应力场与随机变形场自主程序，原理如图5-4所示。

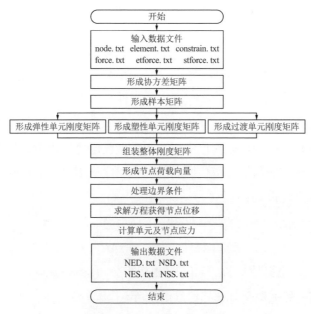

图 5-4 随机应力场与随机变形场程序原理框图

（2）程序中的函数

应力场与变形场随机有限元程序包括一个主程序及 14 个子程序，子程序均以函数的形式进行编译，以 M 文件格式进行存储，以便 MATLAB 主程序的调用。子程序计算功能包含随机场单元的协方差、协方差矩阵 Cholesky 分解变换，单元弹性矩阵、塑性矩阵、加权平均弹塑性矩阵，弹性、塑性、过渡单元的刚度矩阵，单元刚度矩阵组装，单元加-卸载判断，屈服面和参考屈服面硬化参数增量，单元等效应力和应变等。

（3）文件管理

应力场与变形场随机有限元分析程序读入的数据文件包括：

node.txt（节点信息文件，由 Ansys 前处理导出）；

element.txt（单元信息文件，由 Ansys 前处理导出）；

constrain.txt（位移边界条件文件，由 Ansys 前处理导出）；

force.txt（载荷状况文件，由 Ansys 前处理导出）；

etforce.txt（节点温度均值文件，由随机温度场均值计算结果导出）；

stforce.txt（节点温度标准差文件，由随机温度场标准差计算结果导出）。

应力场与变形场随机有限元分析程序输出的数据文件包括：

NED.txt（节点位移均值文件，可供 Surfer 进行等值线绘图的数据文件）；

NSD.txt（节点位移标准差文件，可供 Surfer 进行等值线绘图的数据文件）；

NES.txt（节点应力均值文件，可供 Surfer 进行等值线绘图的数据文件）；

NSS.txt（节点应力标准差文件，可供 Surfer 进行等值线绘图的数据文件）。

应力场与变形场随机有限元程序中的文件管理如图 5-5 所示。

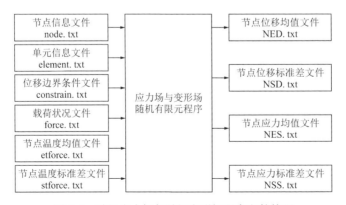

图 5-5　随机应力场与随机变形场程序文件管理

5.3 井筒工程可靠性评价

实际井筒工程设计与施工中，以复杂应力状态下的井壁混凝土等效应力超过极限承载力为可靠性评价指标，依据现有《煤矿立井井筒及硐室设计规范》（GB 50384—2016）并结合工程实际，本节拟对井壁几何参数随机性、井壁材料参数随机性、井壁外荷载随机性条件下进行冻结井壁工程可靠性评价；在进行随机有限元模拟之前，首先需要确定合理的井壁混凝土空间随机场参数。

5.3.1 混凝土随机场参数

（1）相关函数形式

描述混凝土材料空间随机场参数模式可使用的自相关函数（ACF）形式为指数型（SNX）、高斯型（SQX）、二阶回归型（SMK）、指数余弦型（CSX）、三角型（BIN）。对于井壁混凝土，其材料的空间变异性相关函数具体形式见表 5-2。

表 5-2 井壁混凝土材料空间变异性的相关函数形式

相关函数类型	相关函数的表达式	波动范围与相关距离关系
3-DSNX	$\rho(\tau) = \exp\left[-\left(\frac{\tau_x}{\theta_r} + \frac{\tau_y}{\theta_\varphi} + \frac{\tau_z}{\theta_z}\right)\right]$	$\theta_r = \frac{\delta_r}{2}, \theta_\varphi = \frac{\delta_\varphi}{2}, \theta_z = \frac{\delta_z}{2}$
3-DSQX	$\rho(\tau) = \exp\left\{-\left[\left(\frac{\tau_x}{\theta_r}\right)^2 + \left(\frac{\tau_y}{\theta_\varphi}\right)^2 + \left(\frac{\tau_z}{\theta_z}\right)^2\right]\right\}$	$\theta_r = \frac{\delta_r}{\sqrt{\pi}}, \theta_\varphi = \frac{\delta_\varphi}{\sqrt{\pi}}, \theta_z = \frac{\delta_z}{\sqrt{\pi}}$
3-DSMK	$\rho(\tau) = \exp\left[-\left(\frac{\tau_x}{\theta_r} + \frac{\tau_y}{\theta_\varphi} + \frac{\tau_z}{\theta_z}\right)\right]\left[\left(1 + \frac{\tau_x}{\theta_r}\right)\left(1 + \frac{\tau_y}{\theta_\varphi}\right)\left(1 + \frac{\tau_z}{\theta_z}\right)\right]$	$\theta_r = \frac{\delta_r}{4}, \theta_\varphi = \frac{\delta_\varphi}{4}, \theta_z = \frac{\delta_z}{4}$
3-DCSX	$\rho(\tau) = \exp\left[-\left(\frac{\tau_x}{\theta_r} + \frac{\tau_y}{\theta_\varphi} + \frac{\tau_z}{\theta_z}\right)\right]\cos\left(\frac{\tau_x}{\theta_r}\right)\cos\left(\frac{\tau_y}{\theta_\varphi}\right)\cos\left(\frac{\tau_z}{\theta_z}\right)$	$\theta_r = \delta_r, \theta_\varphi = \delta_\varphi, \theta_z = \delta_z$
3-DBIN	$\rho(\tau) = \begin{cases} \left(1 - \frac{\tau_x}{\theta_r}\right)\left(1 - \frac{\tau_y}{\theta_\varphi}\right)\left(1 - \frac{\tau_z}{\theta_z}\right) & \tau_x \leqslant \theta_r, \tau_y \leqslant \theta_\varphi, \tau_z \leqslant \theta_z \\ 0 & \tau_x > \theta_r, \tau_y > \theta_\varphi, \tau_z > \theta_z \end{cases}$	$\theta_r = \delta_r, \theta_\varphi = \delta_\varphi, \theta_z = \delta_z$

研究合理的混凝土材料相关函数形式对井壁混凝土材料参数的空间变异性描述至关重要，基于此，本节设计了多种参数组合（表 5-3），以阐明不同相关函数形式对井壁混凝土空间变异性的影响，为选择合理的混凝土材料相关函数形式提供可靠依据。

表 5-3　井壁混凝土力学参数相关函数形式的不同组合

组合情况	力学参数相关函数					
	弹性模量	泊松比	黏聚力	内摩擦角	抗拉强度	抗压强度
参考情况	3-DSQX	3-DSQX	3-DSQX	3-DSQX	3-DSQX	3-DSQX
径向混凝土 的 ACF	3-DSNX	3-DSQX	3-DSQX	3-DSNX	3-DSQX	3-DSQX
	3-DSQX	3-DSQX	3-DSQX	3-DSQX	3-DSQX	3-DSQX
	3-DSMK	3-DSQX	3-DSQX	3-DSMK	3-DSQX	3-DSQX
	3-DCSX	3-DSQX	3-DSQX	3-DCSX	3-DSQX	3-DSQX
	3-DBIN	3-DSQX	3-DSQX	3-DBIN	3-DSQX	3-DSQX
切向混凝土 的 ACF	3-DSQX	3-DSNX	3-DSQX	3-DSQX	3-DSNX	3-DSQX
	3-DSQX	3-DSQX	3-DSQX	3-DSQX	3-DSQX	3-DSQX
	3-DSQX	3-DSMK	3-DSQX	3-DSQX	3-DSMK	3-DSQX
	3-DSQX	3-DCSX	3-DSQX	3-DSQX	3-DCSX	3-DSQX
	3-DSQX	3-DBIN	3-DSQX	3-DSQX	3-DBIN	3-DSQX
轴向混凝土 的 ACF	3-DSQX	3-DSQX	3-DSNX	3-DSQX	3-DSQX	3-DSNX
	3-DSQX	3-DSQX	3-DSQX	3-DSQX	3-DSQX	3-DSQX
	3-DSQX	3-DSQX	3-DSMK	3-DSQX	3-DSQX	3-DSMK
	3-DSQX	3-DSQX	3-DCSX	3-DSQX	3-DSQX	3-DCSX
	3-DSQX	3-DSQX	3-DBIN	3-DSQX	3-DSQX	3-DBIN

计算结果如图 5-6 所示。

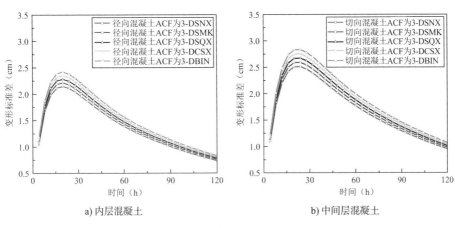

a) 内层混凝土　　　　　　　　　　　b) 中间层混凝土

图　5-6

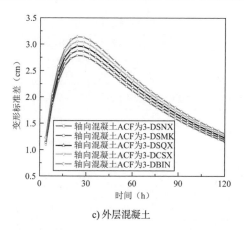

c) 外层混凝土

图 5-6　混凝土材料 ACF 对井壁变形标准差的影响

　　由图 5-6a）可以看出，径向混凝土的 5 种 3-DACFs 对内层井壁混凝土变形标准差的影响不明显，最大的差异仅为 0.27cm。当径向混凝土的 ACF 为 3-DBIN 时，内层井壁混凝土变形标准差为最大值；当径向混凝土的 ACF 为 3-DSNX 时为最小值。当径向混凝土的 ACF 为 3-DSQX 时，内层井壁混凝土变形标准差为中间值。由图 5-6b）可以看出，切向混凝土的 5 种 3-DACFs 的对中间层井壁混凝土变形标准差的影响也不明显。最大的影响是 3-DBIN，其次是 3-DSQX，影响最小的是 3-DSNX。切向混凝土的 5 种 3-DACFs 对中间层井壁混凝土变形标准差的最大影响为 0.32cm。由图 5-6c）可知，五种轴向混凝土的 3-DACFs 对外层井壁混凝土变形标准差的影响仍不明显。当轴向混凝土的 ACF 为 3-DBIN 时，外层井壁混凝土变形标准差为最大值。轴向混凝土的 ACF 为 3-DSQX 时为中间值，轴向混凝土的 ACF 为 3-DSNX 时为最小值。轴向混凝土不同 ACF 对外层井壁混凝土变形标准差的最大影响为 0.31cm。对比图 5-6a）、图 5-6b）和图 5-6c）可知，不同混凝土材料的 ACF 对井壁混凝土变形标准差的影响是不敏感的，其中 3-DSQX 为中间值，因此井壁混凝土材料空间变异性的相关函数形式表示为 3-DSQX 最为合理。

　　（2）相关距离尺寸

　　描述混凝土材料空间随机场相关性的关键参数为相关距离（ACD），基于此，本试验设计了不同的组合，以阐明不同相关距离对井壁混凝土力学特性的随机性影响，为可靠性评价参数随机场相关性选取提供依据。表 5-4 为井壁混凝土材料力学参数相关距离组合情况。

表 5-4　井壁混凝土材料力学参数相关距离组合情况

组合情况	力学参数相关距离（m）					
	弹性模量	泊松比	黏聚力	内摩擦角	抗拉强度	抗压强度
基本参考情况	0.3	0.4	0.4	0.3	0.4	0.4
径向混凝土 ACD	0.2	0.4	0.4	0.2	0.4	0.4
	0.25	0.4	0.4	0.25	0.4	0.4
	0.3	0.4	0.4	0.3	0.4	0.4
	0.35	0.4	0.4	0.35	0.4	0.4
	0.4	0.4	0.4	0.4	0.4	0.4
切向混凝土 ACD	0.3	0.2	0.4	0.3	0.2	0.4
	0.3	0.3	0.4	0.3	0.3	0.4
	0.3	0.4	0.4	0.3	0.4	0.4
	0.3	0.5	0.4	0.3	0.5	0.4
	0.3	0.6	0.4	0.3	0.6	0.4
轴向混凝土 ACD	0.3	0.4	0.2	0.3	0.4	0.2
	0.3	0.4	0.3	0.3	0.4	0.3
	0.3	0.4	0.4	0.3	0.4	0.4
	0.3	0.4	0.5	0.3	0.4	0.5
	0.3	0.4	0.6	0.3	0.4	0.6

图 5-7 为井壁混凝土材料力学参数相关距离组合对井壁变形标准差的影响计算结果。从图 5-7a）可以看出，当径向混凝土 ACD 为 0.2m 时，内部冻结井壁混凝土的变形标准差在第 36h 达到峰值，变形标准差的峰值为 2.26cm。当 ACD 分别为 0.3m 和 0.4m 时，内层混凝土的最大变形标准差分别为 2.13cm 和 1.89cm。最大值分别出现在第 28h 和 24h。从图 5-7b）可以看出，当切向混凝土的 ACD 分别为 0.2m、0.4m 和 0.6m 时，中冻结井壁混凝土的变形标准差峰值分别为 2.76cm、2.52cm 和 2.31cm。从图 5-7c）可以看出，当轴向混凝土的 ACD 为 0.2m 时，外冻结井壁混凝土的变形标准差在第 28h 达到峰值，变形标准差的峰值为 3.34cm。当轴向混凝土的 ACD 分别为 0.4m 和 0.6m 时，外层冻结井壁混凝土的最大变形标准差分别为 3.06cm 和 2.62cm。最大值分别出现在第 24h 和第 20h。结果表明，当混凝土材料的抗剪强度不同时，混凝土抗剪强度的峰值也不同，且混凝土内部、中部和外部抗剪强度先增大后减小。混凝土材料的 ACD 越长，冻结井壁混凝土的变形标准差越小。

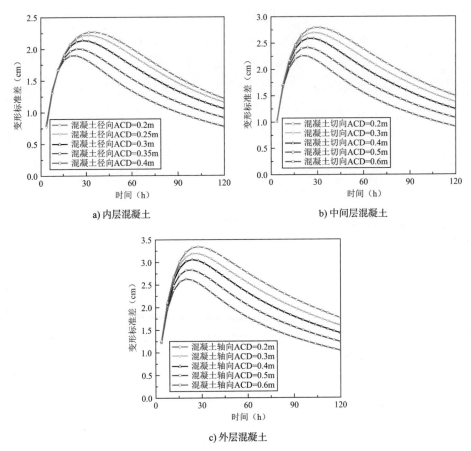

a) 内层混凝土   b) 中间层混凝土

c) 外层混凝土

图 5-7　混凝土材料 ACD 对井壁变形标准差的影响

（3）变异系数

混凝土材料空间随机场变异性的关键参数为变异系数（COV），研究其对井壁混凝土力学特性的随机性影响至关重要，基于此，本章设计了不同的组合，以阐明不同 COV 对井壁混凝土力学特性的随机性影响，为可靠性评价参数随机场变异性选取提供依据。表 5-5 为井壁混凝土材料力学参数变异系数组合情况。

表 5-5　井壁混凝土材料力学参数变异系数组合情况

组合情况	力学参数变异系数					
	弹性模量	泊松比	黏聚力	内摩擦角	抗拉强度	抗压强度
基本参考情况	0.15	0.15	0.15	0.15	0.15	0.15

续上表

组合情况	力学参数变异系数					
	弹性模量	泊松比	黏聚力	内摩擦角	抗拉强度	抗压强度
径向混凝土 COV	0.05	0.15	0.15	0.05	0.15	0.15
	0.10	0.15	0.15	0.10	0.15	0.15
	0.15	0.15	0.15	0.15	0.15	0.15
	0.20	0.15	0.15	0.20	0.15	0.15
	0.25	0.15	0.15	0.25	0.15	0.15
切向混凝土 COV	0.15	0.05	0.15	0.15	0.05	0.15
	0.15	0.10	0.15	0.15	0.10	0.15
	0.15	0.15	0.15	0.15	0.15	0.15
	0.15	0.20	0.15	0.15	0.20	0.15
	0.15	0.25	0.15	0.15	0.25	0.15
轴向混凝土 COV	0.15	0.15	0.05	0.15	0.15	0.05
	0.15	0.15	0.10	0.15	0.15	0.10
	0.15	0.15	0.15	0.15	0.15	0.15
	0.15	0.15	0.20	0.15	0.15	0.20
	0.15	0.15	0.25	0.15	0.15	0.25

图 5-8 为井壁混凝土材料力学参数变异系数组合对井壁变形标准差的影响计算结果。从图 5-8a ）可以看出，当径向混凝土 COV 为 0.25，变形标准差峰值为 2.22cm，内部冻结井壁混凝土的最大变形标准差出现在第 32h。当径向混凝土 COV 为 0.15 时，内部冻结井壁混凝土变形标准差峰值出现在第 24h。当径向混凝土 COV 为 0.05 时，变形标准差峰值为 1.54cm。从图 5-8b ）可以看出，当切向混凝土 COV 分别为 0.25、0.15 和 0.05 时，中间层冻结井壁混凝土的变形标准差峰值分别为 2.98cm、2.67cm 和 2.07cm。从图 5-8c ）可以看出，当轴向混凝土 COV 为 0.25 时，外层冻结井壁混凝土的最大变形标准差出现在第 28h，变形标准差的峰值为 3.59cm。此外，当轴向混凝土 COV 分别为 0.15 和 0.05 时，外层冻结井壁混凝土的变形标准差峰值分别为 3.03cm 和 1.98cm。可见，混凝土材料 COV 越大，冻结井壁混凝土的变形标准差越大。当混凝土材料 COV 不同时，冻结井壁混凝土的变形标准差峰值也不同，内、中、外三层温度的变形标准差值先增大后减小。

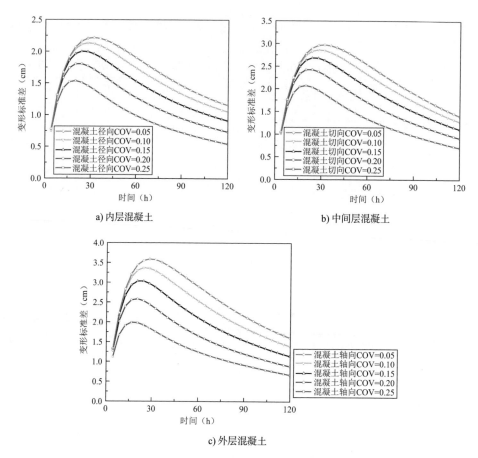

a) 内层混凝土

b) 中间层混凝土

c) 外层混凝土

图 5-8　混凝土材料 COV 对井壁变形标准差的影响

5.3.2　分布拟合检验

由冻结井壁力学特性随机分析可得复杂应力状态下的井壁混凝土等效应力的样本，然而并不能确切预知总体服从何种分布，因此需要根据来自总体的样本对总体的分布进行推断，以判断总体服从何种分布。依据冻结井壁力学特性随机有限元分析过程可知，每次随机模拟均能得到某一时刻复杂应力状态下的井壁混凝土等效应力的样本，在进行可靠性评价之前，需要对样本值进行分布拟合检验。因数据较多且篇幅有限，以井筒内径 7.6m、外径 10.0m 为例，选取施工期第 48h 的井壁混凝土等效应力，进行分布拟合检验。

1）井壁几何参数的随机性

（1）井筒内径的随机性

依据现有《煤矿立井井筒及硐室设计规范》（GB 50384—2016）并结合工程实际，立井井筒普通法施工时，井筒内半径的允许偏差：当采用混凝土或砌块支护时，有提升装备的应为+50mm，无提升装备的应为±50mm。因此将井筒内半径的随机取值范围定为[3.75m,3.85m]。形成井筒内边界的 8 个关键点在360°上均匀分布，每个关键点到井心的距离是随机的，即井筒内半径取值是随机的。均值为井筒内半径设计值 3.8m，变异系数取 0.1（变异性中等），则标准差为 $3.8 \times 0.1 = 0.38$m，最小值 3.75m，最大值 3.85m。

根据最大似然估计法及前文冻结井壁力学特性随机有限元分析，井筒内半径随机性条件下的井壁混凝土等效应力均值为 14.5MPa、标准差为 1.27MPa，随机模拟 10000 次获得的样本中，最大值为 17.178MPa，最小值为 7.989MPa。将 10000 个数据的区间[7.989,17.178]分成 10 个互不重叠的 10 个小区间，分别计算频数、频率及累计频率，计算结果见表 5-6。

表 5-6 井筒内半径随机性条件下的等效应力频数、频率分布表

编号	分组$(t_{i-1}, t_i]$	频数f_i	频率f_i/n	累计频率
1	[7.989,8.7875]	13	0.0013	
2	(8.7875,9.667]	103	0.0103	0.0650
3	(9.667,10.535]	534	0.0534	
4	(10.535,11.403]	1491	0.1491	0.2141
5	(11.403,12.271]	2749	0.2749	0.489
6	(12.271,13.138]	2803	0.2803	0.7693
7	(13.138,14.006]	1620	0.162	0.9313
8	(14.006,14.874]	553	0.0553	
9	(14.874,16.842]	116	0.0116	1
10	(16.842,17.178]	18	0.0018	

进一步将频率$f_i/n < 0.05$的合并，最后分为 6 组，结合统计样本的范围，6 组数据依次为：$(-\infty,10.678]$, $(10.678,11.403]$, $(11.403,12.271]$, $(12.271,13.138]$, $(13.138,14.334]$, $(14.334,+\infty]$。依据式(5-68)：

$$p_i = \Phi\left(\frac{t_i - \mu}{\sigma}\right) - \Phi\left(\frac{t_{i-1} - \mu}{\sigma}\right) \tag{5-68}$$

可获得卡方(χ^2)分布的相关计算参数值，见表5-7，由于$k=6$，$r=2$，自由度$k-r-1=3$，$\chi^2_{0.10}(3)=6.251$。

表5-7　井筒内半径随机性条件下的等效应力χ^2分布表

编号	分组$(t_{i-1}, t_i]$	频数f_i	p_i	np_i	$(f_i - np_i)_i^2 / np_i$
1	$(-\infty, 10.678]$	650	0.0624	624.19	1.0672
2	$(10.678, 11.403]$	1491	0.1553	1552.80	2.4596
3	$(11.403, 12.271]$	2749	0.2723	2722.50	0.2579
4	$(12.271, 13.138]$	2803	0.2770	2769.70	0.4004
5	$(13.138, 14.334]$	1620	0.1641	1641.20	0.2738
6	$(14.334, +\infty]$	687	0.0690	689.74	0.0109
合计		10000	1.0000	10000	4.4699

由表5-7可知，$\chi^2 = 4.4699$，由于$\chi^2 < \chi^2_{0.10}(3)$，因此，在显著水平$\alpha = 0.1$条件下井筒内半径随机性条件下的等效应力服从均值为 14.5MPa、标准差为 1.27MPa 的正态分布。

（2）井筒外径的随机性

依据现有《煤矿立井井筒及硐室设计规范》（GB 50384—2016）并结合工程实际，井筒的掘进半径不大于设计 150mm，不小于设计 50mm。因此将井筒外半径的随机取值范围定为[4.95m,5.15m]，形成井筒外边界的 8 个关键点在360°上均匀分布，每个关键点到井心的距离是随机的，即井筒外半径取值是随机的。均值为井筒外半径设计值 5.0m，变异系数取 0.1（变异性中等），则标准差为 $5.0 \times 0.1 = 0.5$m，最小值 4.95m，最大值 5.15m。

根据最大似然估计法及前文冻结井壁力学特性随机有限元分析，井筒外半径随机性条件下的井壁混凝土等效应力均值为 13.6MPa、标准差为 1.38MPa，随机模拟 10000 次获得的样本中，最大值为 18.458MPa，最小值为 7.1875MPa。将 10000 个数据的区间[7.1875,18.458]分成 10 个互不重叠的 10 个小区间，分别计算频数、频率及累计频率，计算结果见表5-8。

表 5-8　井筒外半径随机性条件下的等效应力频数、频率分布表

编号	分组$(t_{i-1}, t_i]$	频数f_i	频率f_i/n	累计频率
1	[7.1875,8.8987]	26	0.0026	
2	(8.8987,9.8669]	145	0.0145	0.0761
3	(9.8669,10.846]	590	0.059	
4	(10.846,11.825]	1606	0.1606	0.2367
5	(11.825,12.805]	2627	0.2627	0.4994
6	(12.805,13.784]	2615	0.2615	0.7609
7	(13.784,14.763]	1653	0.1653	0.9262
8	(14.763,15.742]	581	0.0581	
9	(15.742,17.578]	137	0.0137	1
10	(17.578,18.458]	20	0.002	

进一步将频率$f_i/n < 0.05$的合并，最后分为 6 组，结合统计样本的范围，6 组数据依次为：$(-\infty,10.997]$, $(10.997,11.825]$, $(11.825,12.805]$, $(12.805,13.784]$, $(13.784,14.897]$, $(14.897,+\infty]$。依据式(5-68)，可获得卡方(χ^2)分布的相关计算参数值，见表 5-9，由于$k = 6$，$r = 2$，自由度$k - r - 1 = 3$，$\chi_{0.10}^2(3) = 6.251$。

表 5-9　井筒外半径随机性条件下的等效应力的χ^2分布表

编号	分组$(t_{i-1}, t_i]$	频数f_i	p_i	np_i	$(f_i - np_i)^2/np_i$
1	$(-\infty,10.997]$	761	0.0754	753.90	0.0669
2	(10.997,11.825]	1606	0.1613	1613.20	0.0321
3	(11.825,12.805]	2627	0.2648	2647.50	0.1587
4	(12.805,13.784]	2615	0.2639	2638.60	0.2111
5	(13.784,14.897]	1653	0.1602	1602.20	1.6107
6	$(14.897,+\infty]$	738	0.0745	744.60	0.0585
合计		10000	1.0000	10000	2.1380

由表 5-9 可知，$\chi^2 = 2.1380$，由于$\chi^2 < \chi_{0.10}^2(3)$，因此，在显著水平$\alpha = 0.1$条件下井筒外半径随机性条件下的等效应力服从均值为 13.6MPa、标准差为 1.38MPa 的正态分布。

2）井壁材料参数的随机性

（1）井筒弹性模量的随机性

依据现有《煤矿立井井筒及硐室设计规范》（GB 50384—2016）并结合工

程实际，井筒混凝土材料的弹性模量均值为 37×10^3MPa，变异系数取 0.1（变异性中等），则标准差为 3.7×10^3MPa，输入样本取值范围为[33.3×10^3MPa,40.7×10^3MPa]。

根据最大似然估计法及前文冻结井壁力学特性随机有限元分析，井筒弹性模量随机性条件下的等效应力均值为 12.88MPa、标准差为 1.16MPa，随机模拟 10000 次获得的样本中，最大值为 14.886MPa，最小值为 7.2875MPa。将 10000 个数据的区间[7.2875,14.886]分成 10 个互不重叠的 10 个小区间，分别计算频数、频率及累计频率，计算结果见表 5-10。

表 5-10　井筒弹性模量随机性条件下的等效应力频数、频率分布表（$\delta = 0.01$）

编号	分组$(t_{i-1}, t_i]$	频数f_i	频率f_i/n	累计频率
1	[7.2875,8.2564]	4	0.0004	
2	(8.2567,8.9048]	69	0.0069	0.0502
3	(8.9048,9.614]	429	0.0429	
4	(9.614,10.323]	1473	0.1473	0.1975
5	(10.323,11.032]	2818	0.2818	0.4783
6	(11.032,11.742]	2859	0.2859	0.7652
7	(11.742,12.451]	1680	0.168	0.9332
8	(12.451,13.16]	543	0.0543	
9	(13.16,13.987]	118	0.0118	1
10	(13.987,14.886]	7	0.0007	

进一步将频率$f_i/n < 0.05$ 的合并，最后分为 6 组，结合统计样本的范围，6 组数据依次为：$(-\infty,9.876]$, $(9.876,10.323]$, $(10.323,11.032]$, $(11.032,11.742]$, $(11.742,12.678]$, $(12.678,+\infty]$。依据式(5-68)，可获得卡方(χ^2)分布的相关计算参数值，见表 5-11，由于$k = 6$，$r = 2$，自由度$k - r - 1 = 3$，$\chi_{0.10}^2(3) = 6.251$。

表 5-11　井筒弹性模量随机性条件下的等效应力 χ^2 分布表

编号	分组$(t_{i-1}, t_i]$	频数f_i	p_i	np_i	$(f_i - np_i)^2/np_i$
1	$(-\infty,9.876]$	502	0.0494	494	0.1296
2	(9.876,10.323]	1473	0.1446	1446	0.5041
3	(10.323,11.032]	2818	0.2758	2758	1.3053
4	(11.032,11.742]	2859	0.2923	2923	1.4013

续上表

编号	分组$(t_{i-1},t_i]$	频数f_i	p_i	np_i	$(f_i-np_i)^2/np_i$
5	(11.742,12.678]	1680	0.1712	1712	0.5981
6	(12.678,+∞]	668	0.0667	667	0.0015
合计		10000	1.0000	10000	3.9399

由表 5-11 可知，$\chi^2 = 3.9399$，由于$\chi^2 < \chi^2_{0.10}(3)$，因此，在显著水平$\alpha = 0.1$条件下可以认为井筒弹性模量随机性条件下的等效应力服从均值为 12.88MPa、标准差为 1.16MPa 的正态分布。

（2）井筒泊松比的随机性

依据现有《煤矿立井井筒及硐室设计规范》（GB 50384—2016）并结合工程实际，井筒混凝土材料的泊松比均值为 0.2，变异系数取 0.1（变异性中等），则标准差为 0.02，输入样本取值范围为[0.18,0.22]。

根据最大似然估计法及前文冻结井壁力学特性随机有限元分析，井筒泊松比随机性条件下的等效应力均值为 12.6MPa、标准差为 1.38MPa，随机模拟10000 次获得的样本中，最大值为 17.887MPa，最小值为 4.1547MPa。将 10000个数据的区间[4.1547,17.887]分成 10 个互不重叠的 10 个小区间，分别计算频数、频率及累计频率，计算结果见表 5-12。

表 5-12　井筒泊松比随机性条件下的等效应力频数、频率分布表

编号	分组$(t_{i-1},t_i]$	频数f_i	频率f_i/n	累计频率
1	[4.1547,6.2478]	13	0.0013	
2	(6.2478,7.3222]	103	0.0103	0.0650
3	(7.3222,8.5674]	534	0.0534	
4	(8.5674,9.8126]	1491	0.1491	0.2141
5	(9.8126,11.058]	2749	0.2749	0.4890
6	(11.058,12.303]	2803	0.2803	0.7693
7	(12.303,13.548]	1620	0.162	0.9313
8	(13.548,14.793]	553	0.0553	0.9866
9	(14.793,16.247]	116	0.0116	
10	(16.247,17.887]	18	0.0018	1

进一步将频率$f_i/n < 0.05$的合并，最后分为 7 组，结合统计样本的范围，7 组数据依次为：$(-\infty,8.4785]$, (8.4785,9.8126], (9.8126,11.058], (11.058,12.303],

(12.303,13.548]，(13.548,14.875]，(14.875,+∞]。依据式(5-68)，可获得卡方(χ^2)分布的相关计算参数值，见表 5-13，由于 $k = 7$，$r = 2$，自由度 $k - r - 1 = 4$，$\chi^2_{0.10}(4) = 7.779$。

表 5-13　井筒泊松比随机性条件下的等效应力 χ^2 分布表

编号	分组$(t_{i-1}, t_i]$	频数f_i	p_i	np_i	$(f_i - np_i)^2/np_i$
1	$(-\infty, 8.4785]$	650	0.0624	624.03	1.0808
2	(8.4785,9.8126]	1491	0.1552	1552.20	2.4130
3	(9.8126,11.058]	2749	0.2722	2722.20	0.2638
4	(11.058,12.303]	2803	0.2772	2771.80	0.3512
5	(12.303,13.548]	1620	0.1640	1640.20	0.2488
6	(13.548,14.875]	553	0.0563	563.48	0.1949
7	(14.875,+∞]	134	0.0126	126.05	0.5014
合计		10000	1.0000	10000	5.0539

由表 5-13 可知，$\chi^2 = 5.0539$，由于 $\chi^2 < \chi^2_{0.10}(4)$，因此，在显著水平 $\alpha = 0.1$ 条件下可以认为井筒泊松比随机性条件下的等效应力服从均值为 12.6MPa，标准差为 1.38MPa 的正态分布。

（3）井筒黏聚力的随机性

依据现有《煤矿立井井筒及硐室设计规范》（GB 50384—2016）并结合工程实际，井筒混凝土材料的黏聚力均值为 3.0MPa，变异系数取 0.1（变异性中等），则标准差为 0.3MPa，输入样本取值范围为[2.7MPa,3.3MPa]。

根据最大似然估计法及前文冻结井壁力学特性随机有限元分析，井筒黏聚力随机性条件下的等效应力均值为 12.8MPa、标准差为 1.21MPa。随机模拟10000 次获得的样本中，最大值为 15.897MPa，最小值为 6.1021MPa。将 10000个数据的区间[6.1021,15.897]分成 10 个互不重叠的 10 个小区间，分别计算频数、频率及累计频率，计算结果见表 5-14。

表 5-14　井筒黏聚力随机性条件下的等效应力频数、频率分布表

编号	分组$(t_{i-1}, t_i]$	频数f_i	频率f_i/n	累计频率
1	[6.1021,7.1745]	5	0.0005	
2	(7.1745,8.0127]	44	0.0044	0.1455
3	(8.0127,8.9692]	258	0.0258	
4	(8.9692,9.9256]	1148	0.1148	

续上表

编号	分组$(t_{i-1},t_i]$	频数f_i	频率f_i/n	累计频率
5	(9.9256,10.882]	2520	0.2520	0.3975
6	(10.882,11.839]	2968	0.2968	0.6943
7	(11.839,12.795]	2143	0.2143	0.9086
8	(12.795,13.751]	719	0.0719	
9	(13.751,14.824]	172	0.0172	1
10	(14.824,15.897]	23	0.0023	

进一步将频率$f_i/n < 0.05$的合并，最后分为 5 组，结合统计样本的范围，5 组数据依次为：$(-\infty,9.7845]$, $(9.7845,10.882]$, $(10.882,11.839]$, $(11.839,12.674]$, $(12.674,+\infty]$。依据式(5-68)，可获得卡方(χ^2)分布的相关计算参数值，见表 5-15，由于$k = 5$，$r = 2$，自由度$k - r - 1 = 2$，$\chi^2_{0.10}(2) = 4.605$。

表 5-15　井筒黏聚力随机性条件下的等效应力χ^2分布表

编号	分组$(t_{i-1},t_i]$	频数f_i	p_i	np_i	$(f_i - np_i)^2/np_i$
1	$(-\infty,9.7845]$	307	0.0318	318.10	0.3873
2	(9.7845,10.882]	2520	0.2482	2482.30	0.5726
3	(10.882,11.839]	2968	0.3029	3029.40	1.2445
4	(11.839,12.674]	2143	0.2180	2179.90	0.6246
5	$(12.674,+\infty]$	914	0.0932	932.20	0.3553
合计		10000	1.0000	10000	3.1834

由表 5-15 可知，$\chi^2 = 3.1834$，由于$\chi^2 < \chi^2_{0.10}(2)$，因此，在显著水平$\alpha = 0.1$条件下可以认为井筒黏聚力随机性条件下的等效应力服从均值为 12.8MPa、标准差为 1.21MPa 的正态分布。

（4）井筒内摩擦角的随机性

依据现有《煤矿立井井筒及硐室设计规范》（GB 50384—2016）并结合工程实际，井筒混凝土材料的内摩擦角均值为 53°，变异系数取 0.1（变异性中等），则标准差为 5.3°，输入样本取值范围为[47.7°,58.3°]。

根据最大似然估计法及前文冻结井壁力学特性随机有限元分析，井筒黏聚力随机性条件下的等效应力均值为 12.1MPa、标准差为 1.88MPa。随机模拟 10000 次获得的样本中，最大值为 18.667MPa，最小值为 3.2145MPa。将 10000个数据的区间[3.2145,18.667]分成 10 个互不重叠的 10 个小区间，分别计算频数、频率及累计频率，计算结果见表 5-16。

表 5-16 井筒内摩擦角随机性条件下的等效应力频数、频率分布表

编号	分组 $(t_{i-1}, t_i]$	频数 f_i	频率 f_i/n	累计频率
1	(3.2145, 4.9674]	26	0.0026	
2	(4.9674, 6.3905]	145	0.0145	0.0761
3	(6.3905, 7.9962]	590	0.0590	
4	(7.9962, 9.6018]	1606	0.1606	0.2367
5	(9.6018, 11.207]	2627	0.2627	0.4994
6	(11.207, 12.813]	2615	0.2615	0.7609
7	(12.813, 14.419]	1653	0.1653	0.9262
8	(14.419, 16.024]	581	0.0581	
9	(16.024, 17.768]	137	0.0137	1
10	(17.768, 18.667]	20	0.0020	

进一步将频率 $f_i/n < 0.05$ 的合并，最后分为 6 组，结合统计样本的范围，6 组数据依次为：$(-\infty, 7.8876]$，$(7.8875, 9.6018]$，$(9.6018, 11.207]$，$(11.207, 12.813]$，$(12.813, 14.346]$，$(14.346, +\infty)$。依据式(5-68)，可获得卡方(χ^2)分布的相关计算参数值，见表 5-17，由于 $k = 6$，$r = 2$，自由度 $k - r - 1 = 3$，$\chi_{0.10}^2(3) = 6.251$。

表 5-17 井筒内摩擦角随机性条件下的等效应力 χ^2 分布表

编号	分组 $(t_{i-1}, t_i]$	频数 f_i	p_i	np_i	$(f_i - np_i)^2/np_i$
1	$(-\infty, 7.8876]$	761	0.0754	754.04	0.0642
2	(7.8876, 9.6018]	1606	0.1614	1613.80	0.0377
3	(9.6018, 11.207]	2627	0.2645	2644.70	0.1185
4	(11.207, 12.813]	2615	0.2640	2640.10	0.2386
5	(12.813, 14.346]	1653	0.1603	1603.00	1.5596
6	$(14.346, +\infty)$	738	0.0744	744.40	0.0550
合计		10000	1.0000	10000	2.0736

由表 5-17 可知，$\chi^2 = 2.0736$，由于 $\chi^2 < \chi_{0.10}^2(3)$，因此，在显著水平 $\alpha = 0.1$ 条件下可以认为井筒内摩擦角随机性条件下的等效应力服从均值为 12.1MPa、标准差为 1.88MPa 的正态分布。

3）井壁外荷载的随机性

依据现有《煤矿立井井筒及硐室设计规范》（GB 50384—2016）并结合工

程实际，井筒深度为 200m 的外荷载均值为 1.14MPa，变异系数取 0.1（变异性中等），则标准差为 0.114MPa，输入样本取值范围为[1.026MPa,1.254MPa]；井筒深度为 400m 的外荷载均值为 2.29MPa，变异系数取 0.1（变异性中等），则标准差为 0.229MPa，输入样本取值范围为[2.061MPa,2.519MPa]。

根据最大似然估计法及前文冻结井壁力学特性随机有限元分析，井筒外荷载随机性条件下的等效应力均值为 13.6MPa、标准差为 2.01MPa，随机模拟 10000 次获得的样本中，最大值为 17.687MPa，最小值为 9.546MPa。将 10000 个数据的区间[9.546,17.687]分成 10 个互不重叠的 10 个小区间，分别计算频数、频率及累计频率，计算结果见表 5-18。

表 5-18　井筒外荷载随机性条件下的等效应力频数、频率分布表（200m）

编号	分组(t_{i-1}, t_i)	频数f_i	频率f_i/n	累计频率
1	[9.546,10.478]	15	0.0015	
2	(10.478,11.146]	111	0.0111	0.0644
3	(11.146,11.92]	518	0.0518	
4	(11.92,12.694]	1496	0.1496	0.214
5	(12.694,13.468]	2644	0.2644	0.4784
6	(13.468,14.242]	2718	0.2718	0.7502
7	(14.242,15.017]	1702	0.1702	0.9204
8	(15.017,15.791]	647	0.0647	
9	(15.791,16.648]	136	0.0136	1
10	(16.648,17.687]	13	0.0013	

进一步将频率$f_i/n < 0.05$ 的合并，最后分为 6 组，结合统计样本的范围，6 组数据依次为：$(-\infty, 11.87]$, $(11.87, 12.694]$, $(12.694, 13.468]$, $(13.468, 14.242]$, $(14.242, 15.017]$, $(15.017, +\infty]$。依据式(5-68)，可获得卡方(χ^2)分布的相关计算参数值，见表 5-19，由于$k = 6$，$r = 2$，自由度$k - r - 1 = 3$，$\chi^2_{0.10}(3) = 6.251$。

表 5-19　井筒外荷载随机性条件下的等效应力χ^2分布表（200m）

编号	分组(t_{i-1}, t_i)	频数f_i	p_i	np_i	$(f_i - np_i)^2/np_i$
1	$(-\infty, 11.87]$	644	0.0662	661.93	0.4857
2	(11.92,12.694]	1496	0.1532	1531.60	0.8275
3	(12.694,13.468]	2644	0.2665	2664.90	0.1639
4	(13.468,14.242]	2718	0.2723	2722.70	0.0081

续上表

编号	分组$(t_{i-1},t_i]$	频数f_i	p_i	np_i	$(f_i-np_i)^2/np_i$
5	(14.242,15.108]	1702	0.1656	1656.20	1.2665
6	(15.108,+∞]	796	0.0763	762.62	1.4610
合计		10000	1.0000	10000	4.2128

由表 5-19 可知，$\chi^2 = 4.2128$，由于 $\chi^2 < \chi^2_{0.10}(3)$，因此，在显著水平 $\alpha = 0.1$ 条件下井筒外荷载随机性条件下的等效应力服从均值为 13.6MPa、标准差为 2.01MPa 的正态分布。

依据现有《煤矿立井井筒及硐室设计规范》（GB 50384—2016）并结合工程实际，井筒深度为 600m 的外荷载均值为 3.43MPa，变异系数取 0.1（变异性中等），则标准差为 0.343MPa，输入样本取值范围为[3.087MPa,3.773MPa]；井筒深度为 800m 的外荷载均值为 4.57MPa，变异系数取 0.1（变异性中等），则标准差为 0.457MPa，输入样本取值范围为[4.113MPa,5.027MPa]。

根据最大似然估计法及前文冻结井壁力学特性随机有限元分析，井筒外荷载随机性条件下的等效应力均值为 15.8MPa、标准差为 1.67MPa，随机模拟 10000 次获得的样本中，最大值为 19.184MPa，最小值为 9.2567MPa。将 10000 个数据的区间[9.2567,19.184]分成 10 个互不重叠的 10 个小区间，分别计算频数、频率及累计频率，如表 5-20 所示。

表 5-20　井筒外荷载随机性条件下的等效应力的频数、频率分布表（600m）

编号	分组$(t_{i-1},t_i]$	频数f_i	频率f_i/n	累计频率
1	[9.2567,10.284]	15	0.0015	
2	(10.284,11.08]	121	0.0121	0.0755
3	(11.08,11.988]	619	0.0619	
4	(11.988,12.896]	1902	0.1902	0.2657
5	(12.896,13.804]	3011	0.3011	0.5668
6	(13.804,14.712]	2649	0.2649	0.8317
7	(14.712,15.62]	1314	0.1314	0.9631
8	(15.62,16.528]	316	0.0316	
9	(16.528,17.698]	47	0.0047	1
10	(17.698,19.184]	6	0.0006	

进一步将频率 $f_i/n < 0.05$ 的合并，最后分为 6 组，结合统计样本的范围，6 组数据依次为：$(-\infty, 11.92]$、$(11.92, 12.694]$、$(12.694, 13.468]$、$(13.468, 14.242]$、$(14.242, 15.017]$、$(15.017, +\infty]$。依据式 (5-68)，可获得卡方 (χ^2) 分布的相关计算参数值，见表 5-21，由于 $k = 6$，$r = 2$，自由度 $k - r - 1 = 3$，$\chi^2_{0.10}(3) = 6.251$。

表 5-21　井筒外荷载随机性条件下的等效应力 χ^2 分布表（600m）

编号	分组 $(t_{i-1}, t_i]$	频数 f_i	p_i	np_i	$(f_i - np_i)^2/np_i$
1	$(-\infty, 11.92]$	755	0.0769	769.00	0.2549
2	$(11.92, 12.694]$	1902	0.1898	1898.00	0.0084
3	$(12.694, 13.468]$	3011	0.3050	3050.00	0.4987
4	$(13.468, 14.242]$	2649	0.2658	2658.00	0.0305
5	$(14.242, 15.017]$	1314	0.1256	1256.00	2.6783
6	$(15.017, +\infty]$	369	0.0376	376.00	0.1303
合计		10000	1.0000	10000	3.6011

由表 5-21 可知，$\chi^2 = 3.6011$，由于 $\chi^2 < \chi^2_{0.10}(3)$，因此，在显著水平 $\alpha = 0.1$ 条件下井筒外荷载随机性条件下的等效应力服从均值为 15.8MPa、标准差为 1.67MPa 的正态分布。

5.3.3　可靠性评价分析

依据 Monte Carlo 计算方法的基本思想，在已知冻结井壁等效应力状态变量的概率分布情况下，根据极限状态方程 $g_X(X_1, X_2, \cdots, X_n) - S = 0$，利用 Monte Carlo 模拟方法产生符合状态变量概率分布的一组随机数 $X_1, X_2, \cdots, X_n$，将随机数代入状态函数 $Z = g_X(X_1, X_2, \cdots, X_n) - S$ 计算得到状态函数的一个随机数，如此用同样的方法产生 N 个状态函数的随机数。如果 N 个状态函数的随机数中有 M 个小于或等于零，当 N 足够大时，根据大数定律，此时的频率已近似于概率，因而可定义可靠性功能函数为：

$$\beta = p\{g_X(X_1, X_2, \cdots, X_n) - S \leqslant 0\} = \frac{M}{N} \tag{5-69}$$

式中：S——允许变形量。

失效概率为：

$$\psi = 1 - \beta \tag{5-70}$$

为了定量分析井壁几何参数、井壁材料参数以及井壁外荷载随机性条件下井筒井壁的可靠度,根据已获得的等效应力均值和标准差结果,分析井深 100m、200m、300m、400m、500m、600m、700m 和 800m 八个水平的井筒可靠度。

（1）井壁几何参数的随机性

对于井筒几何参数的随机性,根据上述井筒可靠性的分析过程,提取并计算立井混凝土井壁可靠性功能函数,可得可靠性指标β和失效概率ψ,见表5-22。

表 5-22 　几何参数随机性条件下的冻结立井井壁可靠度计算值

编号	深度水平（m）	内半径随机性情况		外半径随机性情况	
		可靠性指标β	失效概率ψ	可靠性指标β	失效概率ψ
1	100	97.06%	2.94%	95.98%	4.02%
2	200	96.08%	3.92%	96.18%	3.82%
3	300	95.53%	4.47%	97.65%	2.35%
4	400	96.36%	3.64%	95.14%	4.86%
5	500	96.28%	3.72%	94.27%	5.73%
6	600	96.55%	3.45%	95.85%	4.15%
7	700	95.28%	4.72%	94.29%	5.71%
8	800	95.59%	4.41%	95.04%	4.96%
平均值		96.09%	3.91%	95.55%	4.45%

由表5-22可以看出,对于内半径随机性情况,最可能失效部位在700m井深处,最大失效概率为4.72%,整体平均失效概率为3.91%；对于外半径随机性情况,最可能失效部位在500m井深,最大失效概率为5.73%,整体平均失效概率为4.45%。由于外层井壁主要承受荷载的作用,外半径随机性的整体失效概率比内半径随机性的整体失效概率高0.54%,外半径随机性的最大失效概率比内半径随机性的最大失效概率高1.01%,计算结果的整体趋势与工程实际相符,因此,对于井壁几何参数随机性方面,精确控制井筒掘进半径的大小,降低井壁外半径随机性摆幅,减小外半径变异系数可有效提高井壁可靠性。

（2）井壁材料参数的随机性

对于井筒材料参数的随机性,根据上述井筒可靠性的分析过程,提取并计算立井混凝土井壁可靠性功能函数,可得可靠性指标β和失效概率ψ,见表5-23

和表 5-24。

表 5-23   弹性模量和泊松比随机性条件下的冻结立井井壁可靠度计算值

编号	深度水平 （m）	弹性模量随机性情况		泊松比随机性情况	
		可靠性指标β	失效概率ψ	可靠性指标β	失效概率ψ
1	100	95.50%	4.50%	95.46%	4.54%
2	200	94.56%	5.44%	96.27%	3.73%
3	300	95.19%	4.81%	94.91%	5.09%
4	400	96.20%	3.80%	95.41%	4.59%
5	500	94.25%	5.75%	96.06%	3.94%
6	600	95.34%	4.66%	95.06%	4.94%
7	700	94.32%	5.68%	96.32%	3.68%
8	800	94.85%	5.15%	94.99%	5.01%
	平均值	95.03%	4.97%	95.56%	4.44%

表 5-24   黏聚力和内摩擦角随机性条件下的冻结立井井壁可靠度计算值

编号	深度水平 （m）	黏聚力随机性情况		内摩擦角随机性情况	
		可靠性指标β	失效概率ψ	可靠性指标β	失效概率ψ
1	100	96.70%	3.30%	96.64%	3.36%
2	200	96.83%	3.17%	96.69%	3.31%
3	300	95.12%	4.88%	96.74%	3.26%
4	400	94.94%	5.06%	96.44%	3.56%
5	500	95.76%	4.24%	96.06%	3.94%
6	600	95.01%	4.99%	95.79%	4.21%
7	700	95.32%	4.68%	95.95%	4.05%
8	800	95.20%	4.80%	96.04%	3.96%
	平均值	95.61%	4.39%	96.29%	3.71%

可以看出，对于弹性模量随机性情况，最可能失效部位在 500m 井深处，最大失效概率为 5.75%，整体平均失效概率为 4.97%；对于泊松比随机性情况，最可能失效部位在 300m 井深处，最大失效概率为 5.09%，整体平均失效概率为 4.44%；对于黏聚力随机性情况，最可能失效部位在 400m 井深处，最大失效概率为 5.06%，整体平均失效概率为 4.39%；对于内摩擦角随机性情况，最

可能失效部位在 600m 井深处，最大失效概率为 4.21%，整体平均失效概率为 3.71%。显然，弹性模量随机性对井壁可靠性影响最为敏感，其次是泊松比和黏聚力，两者随机性对井壁可靠性影响相当，内摩擦角对井壁可靠性影响最小。因此，对于井壁材料参数随机性方面，提高混凝土搅拌的均匀性，降低弹性模量随机性摆幅，减小弹性模量变异系数对提高井壁可靠性效果显著；施工安检方面，井壁混凝土浇筑完成后，可加大弹性模量的均匀性测试，从而进一步保证井壁可靠性。

（3）井壁外荷载的随机性

对于井筒外荷载的随机性，根据上述井筒可靠性的分析过程，提取并计算立井混凝土井壁可靠性功能函数，可得可靠性指标β和失效概率ψ，见表 5-25。

表 5-25　井壁外荷载随机性条件下的冻结立井井壁可靠度计算值

编号	深度水平（m）	井壁外荷载随机性情况	
		可靠性指标β	失效概率/ψ
1	100	96.84%	3.16%
2	200	96.11%	3.89%
3	300	95.80%	4.20%
4	400	95.58%	4.42%
5	500	95.12%	4.88%
6	600	95.02%	4.98%
7	700	94.80%	5.20%
8	800	94.24%	5.76%
平均值		95.44%	4.56%

由表 5-25 可以看出，最可能失效部位在 800m 井深处，最大失效概率为 5.76%，整体平均失效概率为 4.56%。随着井筒深度的增加，井壁水平地压有增大趋势，同等变异系数条件下，800m 井深失效概率比 100m 井深失效概率高 2.60%，计算结果的整体趋势与工程实际相符。因此，对于井壁外荷载的随机性方面，随着井壁深度的增加，适当提高井壁的厚度，可有效降低井壁外荷载随机性对井壁可靠性的影响。

5.4　本章小结

本章阐明了冻结井壁混凝土介质参数空间变异性与随机场统计特征，构建了冻结井壁混凝土结构不确定性力学特性的随机分析模型。研发了冻结井壁混凝土不确定性力学特性的随机有限元数值计算程序，揭示了冻结井壁混凝土结构力学特性的随机演化规律及可靠性。

（1）引进随机场理论，以标准相关系数刻画混凝土材料自相关性与互相关性，建立了混凝土热力学参数不确定性描述方法，给出了均值函数、方差函数、相关函数、协方差函数和标准相关系数的详细表达式。研究了混凝土材料的空间变异性自相关函数描述方法，阐明了不同相关函数形式对井壁混凝土空间变异性的影响，为选择合理的混凝土材料相关函数形式提供依据。

（2）将混凝土井壁不确定性力学参数建模为随机场，推导了 Neumann 随机有限元法计算冻结井壁随机应力变形场的随机分析列式；研究了混凝土材料力学参数相关距离（ACD）和变异系数（COV）对井壁混凝土力学特性的随机性影响规律；进行了井壁几何参数随机性、井壁材料参数随机性、井壁外荷载随机性条件下分布拟合检验及可靠性评价。

第 6 章

竖井冻土爆破室外模拟试验

井底爆破作用下混凝土井壁的振动，有其独特性。立井是一层薄壁或厚壁圆筒结构，其口径要远小于其长度。井底爆破，井壁自由面有限，为一圆柱面，振动较为特殊。另外，井筒材料为相对密实的钢筋混凝土结构，对振动的抑制起到一定作用[32]。研究冻土爆破过程中应力波在井筒四周的传播规律，进而分析混凝土井壁受到的应力波的大小，从而科学地组织混凝土井壁的施工，合理保持混凝土井壁与爆破点的距离。

6.1 试验准备

6.1.1 模型的设计

模拟试验主要是模拟立井爆破振动在冻土中的传播，了解立井井壁四周冻土爆破振动情况。根据现场主井尺寸参数，立井开挖净直径 6m，外层井壁厚度 2m，考虑方便施工，取几何尺寸 $C_L = 50$，则直径为 20cm。模型尺寸至少为开挖空间的 3~5 倍，取整个模型直径 60cm，高度取 60cm。整个模型装置分 4 部分，上

图 6-1 冻土爆破模型
试验装置

下底盘，左右半桶。由于模型是按 1∶50 的比例设计，爆破后易引起边界效应，也为了更好地模拟出地下立井在半无限介质中的爆炸，因此上下底板 4 个螺栓固定，左右筒体 3 个螺栓固定，底盘、顶盖外径为 700，底盘有 4 个钢管支腿（尺寸 ϕ32mm，长度 150mm）。顶盖预留 20cm 孔洞，便于挖土，形成井筒，桶体外径 630mm，壁厚 15mm，内部 600mm，两侧半桶各有一个圆环提手，便于起吊。冻土爆破模型试验装置如图 6-1 所示。

6.1.2　模型的制作

模型材料选择是决定试验成败的关键因素之一，本次模型试验用与原力学性能一致的现场土壤，采用原状土进行冻结保证了材料的密度、弹性模量、抗压强度基本相同。立井模型周围土体分别配制 10%、15% 含水率的土体进行冻结爆破。随机取土进行烘干，测量原始土体中含水率见表 6-1。

表 6-1　土体含水率测定

土体编号	空盒（g）	干燥前（g）	干燥后（g）	含水率
1 号	6.00	19.32	18.78	4.23%
2 号	5.81	18.62	18.20	3.39%
3 号	7.14	17.23	16.64	6.21%
4 号	7.04	18.06	17.58	4.55%
5 号	6.00	21.36	20.46	6.22%
6 号	7.00	19.87	19.40	3.79%
平均值	6.50	19.08	18.51	4.73%

为了配置含水率不同的土壤，首先采用环刀法测试土壤的密度，经过测试土体密度为 2.2g/cm³，土体密度的测试如图 6-2 所示。对土体进行加水，使其达到要求的含水率。为保证加水的均匀性，用矿泉水瓶对土体进行均匀喷洒，并实时进行土体的搅拌。不同含水率土体的配置见图 6-3。

图 6-2　土体密度的测定

a) 10%含水率配制

b) 15%含水率配制

c) 养护

图 6-3　不同含水率土的制备

　　将模具放入冷冻室进行分层土体装填，形成半径 30cm、高 60cm 的冻土围岩，内部留有半径 10cm、深 20cm 的井筒。冷冻室主要包含制冷方仓（ZLFC-DZ）、控检系统（KJXT-DZ），如图 6-4 所示。

图 6-4　冷冻室

圆桶模具进行装填时，首先在井壁四周铺设塑料布，防止冻结过程中内部液体流出，影响土的含水率。从井筒底部由下到上螺旋布置传感器，A、B、C、F、G五个传感器距离井筒中心 20cm，螺旋垂直布置，相邻之间间距 10cm。三个传感器C、D、E由C点向井筒中心布置，同一水平面间距 5cm 布置。并在井筒土中埋设温度计，内部和表面各一个进行温度测量。采用分层压实进行土体的填充，每次填充 5cm 进行压实，由于 10％含水率的土体黏度较小，最终填充完毕后密度为 1.81g/cm³，如图 6-5 所示。15％含水率筒体黏度较大，易于压实，最终压实密度在 2g/cm³，如图 6-6 所示。由于土壤密实度达不到实际现场环境下的密度，对试验结果有一定影响，但可以简要分析含水率高低对振动的影响。

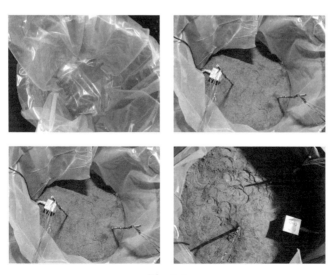

图　6-5

115

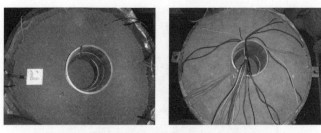

图 6-5　10％含水率土体填筑与压实

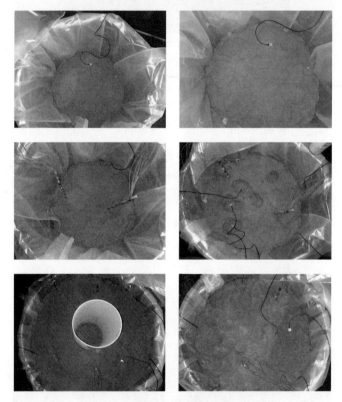

图 6-6　15％含水率土体填筑与压实

6.1.3　冻结

装填完毕后，将上部铁盖盖住，防止土体冻胀后体积向上膨胀。然后放入冷冻室进行低温冻结，将温度设置为−20～−15℃。为了保证土体内部温度一致，将冻结温度保持在−20℃，共计 9d。时刻观察温度计上数值的变化，温度变化情况如图 6-7 所示，冻结完成后如图 6-8 所示。

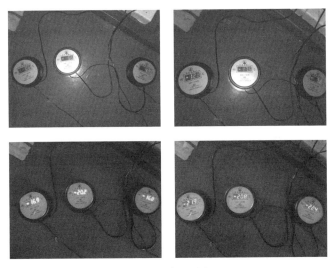

图 6-7　降温过程

图 6-8　冻结完毕

6.2　试验过程

为了保证试验过程中模型始终处于低温条件下，在立井模型外表面包裹棉被，用铁丝绑扎，然后用皮卡车运输到工地现场进行爆破，如图 6-9、图 6-10 所示。按照相似比 $C_L = 50$ 计算模型掏槽孔的布置参数，得出炮孔直径 $d_b = 1 \sim 2$mm，孔深 $L_b = 6$mm。在实际操作过程中，装药及钻眼极其困难，因此取模型炮孔直径 $d_b = 6$mm，与 1：50 的几何有些差距，但相关研究表明，这样的设置对试验结果影响不大[81]。定性分析冻土爆破时，爆炸应力波在立井冻土模型中的传播，炸药采用 5 号电雷管进行起爆，减小了试验的危险性。爆破时分别采用 TC4850 振动测试仪和加速度传感器进行数据的收集。仪器布置时，X 方向为立井径向，Y 方向为井壁切向，Z 方向为立井垂向。

图 6-9　现场爆破试验情况

a) 钻孔　　　　　　　　　　　b) 装药

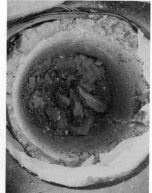

c) 起爆装置　　　　　　　　　d) 爆破后效果

图 6-10　现场试验流程

6.3   试验结果分析

试验首先采用单孔爆破，在井筒中心位置埋置一根电雷管，采用特制钻头钻孔，打孔深度为 7cm，如图 6-11 所示。在冻结温度为 −15℃时进行爆破，分析 10%含水率和 15%含水率的爆破效果。以掌子面为原点布置测点，A、B、C、F、G测点分别与掌子面的垂直距离为 −30cm、−20cm、−10cm、0cm、10cm，未开挖侧为负，开挖侧为正，如图 6-12 所示。

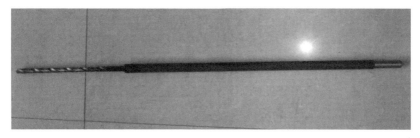

图 6-11   钻孔特制钻头

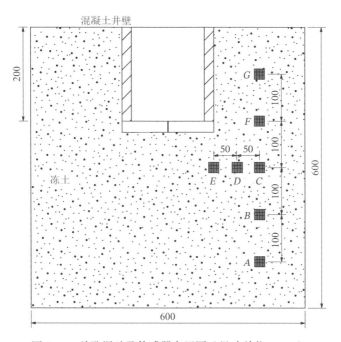

图 6-12   单孔爆破及传感器布置图（尺寸单位：mm）

119

6.3.1 单孔爆破对比分析

如图 6-13 所示,对比不同含水率的冻土振动速度衰减曲线,可以看出 10%含水率冻土爆破后振动速度较大,大约为 15%含水率冻土爆破振速的 3 倍。含水率大的冻土塑性大、土体密度大,雷管爆破后应力波传播需要克服较大的阻力,能量消耗得大,所以较高含水率的冻土爆破振动衰减较快、振动速度较小。10%含水率的冻土由于含水率较少、整体密度较小、内部自由面多,爆破后雷管能量充分释放,造成井筒内各测点振动速度较大。图 6-13a)中三个方向的振动速度(v_X、v_Y、v_Z)呈现出 $v_X > v_Z > v_Y$ 的规律,图 6-13b)中在距掌子面$-20\sim-10$cm 范围内也有此类规律,说明在立井爆破掌子面一定距离内,爆破径向振动速度明显在各向振动速度中占主导,从侧面也反映了冻土爆破时爆炸应力波主要由雷管处向四周径向传播。根据图 6-13a),还可以看出在掌子面前方 10cm 的未开挖处,v_X、v_Y 最大并且向两边逐渐递减。根据图 6-13b),可以看出 v_X 也呈现出向两边振速逐渐减小,但 v_Y、v_Z 呈现出不同的振动衰减规律,向掌子面后方已开挖侧逐渐增大。

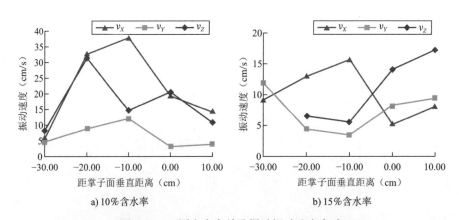

图 6-13　不同含水率单孔爆破振动速度衰减

6.3.2 多孔爆破对比分析

双孔爆破时,含水率 10%冻土的振动速度大于含水率 15%的振动速度,但呈现不同的振动衰减规律,如图 6-14 所示。

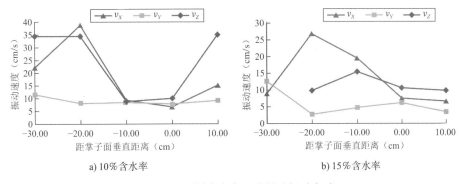

a) 10％含水率 　　　　　　　　　　　　 b) 15％含水率

图 6-14   不同含水率双孔爆破振动衰减

由图 6-14 可看出，10％含水率的振动速度在掌子面−10cm 附近三个方向的振动速度较小，而向两侧振动速度逐渐增大，其中v_X、v_Z规律较为明显，v_Y变化不大。之所以出现这种情况，是由于之前爆破时，掌子面以下 10cm 处变成空洞，再次爆破时振动较小。15％含水率振动速度传播较为复杂，v_X由掌子面向未开挖处振动速度逐渐增大，在距离−20cm 处又减小；v_Z在距掌子面−10cm 附近振动速度最大，然后向开挖和未开挖两侧衰减；v_Y在掌子面附近振动速度较小，但在距离掌子面 30cm 处振动速度突然增大，可能是由于模具底板应力波的反射及折射作用。

6.3.3   单孔与多孔爆破的对比分析

取含水率为 10％的立井进行不同方案的爆破，如图 6-15 所示。

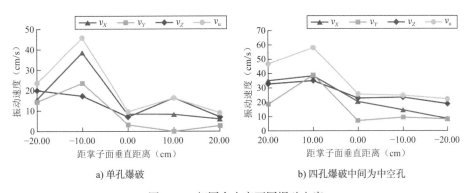

a) 单孔爆破 　　　　　　　　　　　　 b) 四孔爆破中间为中空孔

图 6-15   相同含水率不同爆破方案

从图 6-15 中可以看出，随着炮孔药量的增多，爆破振动速度明显增大。单孔爆破时，立井已开挖侧的测点振动速度明显小于未开挖侧，因为已开挖侧爆炸应力波顺着立井井筒传递出去，未开挖一侧土体密实，爆破能量作用于土体中，造成测点振动速度偏大。四孔爆破同样如此，但因为存在中空孔，爆破能量充分释放，在掌子面两段振动速度变化较单孔小。由于中空孔存在，四孔爆破的振动速度不是很大，但爆破效果较好。

6.4　本章小结

本章针对立井冻土爆破进行了模拟试验，获得冻土爆破振动的传播衰减规律，为冻土爆破方案设计提供了一定的参考。

单孔爆破时，对比不同含水率的冻土振动速度衰减曲线，得出 10% 含水率冻土爆破后振动速度较大，大约为 15% 含水率冻土爆破振速的 3 倍。立井冻土爆破三个方向振动速度呈现出 $v_X > v_Z > v_Y$ 的规律，侧面反映了冻土爆破时爆炸应力波主要由雷管处向四周径向传播。

双孔爆破时，10% 含水率的振动速度在掌子面以下 10cm 附近三个方向的振动速度较小，而向两段振动速度逐渐增大，其中 v_X、v_Z 规律较为明显，v_Y 变化不大。15% 含水率振动速度传播较为复杂，v_X 由掌子面向未开挖处振动速度逐渐增大，在距离 $-20cm$ 处又减小。

相同含水率的情况下，随着炮孔药量的增多，爆破振动速度明显增大。单孔爆破时，立井已开挖侧测点振动速度明显小于未开挖侧，因为已开挖侧爆炸应力波顺着立井井筒传递出去，未开挖侧土体密实，爆破能量作用于土体中，造成测点振动速度偏大。四孔爆破同样如此，但因为存在中空孔，爆破能量充分释放，在掌子面两段振动速度变化较单孔小。整体来看，由于中空孔的存在，使得四孔爆破造成的振动速度并不是很大，但爆破效果较好。

第 7 章

立井冻结与爆破快速施工关键技术

国内外有关学者对立井井筒冻结法施工进行了大量研究，均取得了不错的研究成果，但这些研究主要是集中在冻结壁、冻土性能和井筒施工的某一项，没有较完整地对整体施工做系统研究。本章主要对赵固二矿立井冻结与爆破快速施工关键技术进行详述，给出超过 600m 深度的施工工艺方法，从井筒冻结施工、爆破方案设计、爆破后出渣和冻结法的应用等进行系统的分析与归纳。

7.1 地质特点及技术难题

赵固二矿西风井井筒穿过冲积层 704.60m，计划冻结深度 820m，是河南省冻结最深、穿过最厚冲积层的井筒，也是国内外冻结井筒穿过冲积层最厚、冻结深度最深的井筒之一，施工难度较大。3.1 节已对赵固二矿井进行了工程概况的简述，本节主要针对地质条件特征及技术难题进行分析。

7.1.1 地质特点

赵固二矿西风井净直径为 6.0m，井深为 914m。赵固二矿西风井自上而下穿过 704.60m 第四系、新近系（Q + N）冲积层，206.64m 二叠系下统下石盒子组（P1x）地层，冲积层分布见表 7-1。

表 7-1 赵固二矿西风井冲积层组成

序号	项目名称	砂性土层					黏性土层			总计
		细砂	中砂	粗砂	砾石	小计	砂质黏土	黏土	小计	
1	层数（层）	2	3	5	5	15	20	26	46	61
2	厚度（m）	9.90	13.50	24.04	26.77	74.21	251.27	379.12	630.39	704.60

续上表

序号	项目名称		砂性土层					黏性土层			总计
			细砂	中砂	粗砂	砾石	小计	砂质黏土	黏土	小计	
3	比例（%）		1.41	1.92	3.41	3.80	10.53	35.66	53.81	89.47	100.00
4	单层	最大厚度（m）	8.87	8.25	6.84	8.89	—	48.71	71.70	—	—
5		埋深（m）	580.83	227.20	521.30	491.70	—	395.06	318.55	—	—
6	>5m 的单层	最大埋深（m）	580.83	227.20	602.50	491.70	—	702.54	676.22	—	—
7		厚度（m）	8.87	8.25	6.62	8.89	—	9.91	41.91	—	—

冲积层分布包括以下特点：

（1）赵固二矿西风井穿过 704.60m 冲积层，冲积层顶部为一层 10.05m 厚的黄土，其下岩性主要分为黏性土层和砂性土层。其中黏性土层岩性以砂质、黏土为主，可塑性较好，具滑感，含少量钙质结核、铝土质斑块和砾石成分。砂性土层主要由细砂、中砂、粗砂及砾石层组成，砾石成分主要以灰岩砾为主。

（2）砂性土层的累计厚度为 74.21m，占冲积层总厚度的 10.53%。砂性土层单层厚度不大，但由浅及深都有分布，最大的互层是位于−194.98～−213.04m 的粗砂与砾石互层，最深为−691.58～−692.63m 的粗砂层。

（3）黏性土层的累计厚度为 630.39m，占冲积层总厚度的 89.47%。黏性土层占比大，连续深度大，特别是冲积层深部黏性土层互层的连续深度大，容易因冻结壁径向位移大而导致冻结管断裂或外层井壁压坏。

7.1.2 施工技术难点

（1）冲积层深度大

赵固二矿西风井穿过 704.60m 冲积层，是目前赵固矿区冲积层厚度最大的冻结井筒。冲积层深部地压大、井壁厚度厚、挖掘直径大，使冻结壁厚度和冻结孔数量增加，井筒掘砌时间长，中深部冻结段井心极易被冻实，冻结与掘砌的矛盾突出。因此如何选择冻结孔布置方式，以及使冻结与掘砌工程有机结合，实现安全与快速施工，是一个非常突出的难题。

（2）黏性土层比例大

赵固二矿西风井黏性土层的累计厚度为 630.39m，占冲积层总厚度的 89.47%。黏性土层比例大，冲积层深部黏性土层互层的连续厚度大，深部黏性土层冻结壁蠕变位移大，导致冻结管断裂。

（3）冲积层地下水流速较大

地质报告测井结果显示，冲积层孔隙承压含水层地下水的流速为 11.52m/d，属于流速较大的地层。地下水流速大影响冻结壁的发展，易造成冻结壁交圈时间滞后，甚至会造成冻结壁不能交圈。

（4）冲积层夹杂坚硬岩层

井筒表土层掘进施工中揭露 4 层砾石层，累计厚度为 15.05m，其中最厚一层为 8.89m，砾石层坚硬。穿过砾石层、固结层时挖掘机挖掘速度较慢，需人工使用 B47 气动破碎机、强力风镐等配合破土掘进，施工循环由计划的 24h，延长到 48～67h，且工人劳动强度较高。在揭露−193.55～−196.55m 段铝质黏土时，开挖难度超过了砾石层。

7.2　井筒冻结施工关键技术

冻结法凿井是在井筒周围埋设冷冻管，通过低温盐水在冷冻管内循环流动，保持冷冻管外表温度，使井筒周围保持在低温条件下，达到冻结的效果。从开始冻结到冻结壁厚度达到设计要求时的积极冻结期内，应保证冻结壁强度，以达到快速交结成圈形成冻结壁，保证开挖的安全性。

7.2.1　井筒冻结关键参数设计

冻结设计应坚持为冻结段施工服务的思想，遵循国家和行业相关规范的技术要求，冻结设计应充分体现安全性、先进性和经济合理性，确保冻结壁设计既满足强度条件的要求，又满足变形条件的要求，确保最不利于冻结的地层施工安全。冻结施工设计需要优化冻结设计参数，使冻结壁强度、厚度和井帮温度的发展满足井筒安全、快速掘砌的要求，为冻结段安全快速施工创造有利条件。

1）冻结深度

冻结深度的计算可以根据冻结孔深入不透水岩层深度要求和超过冻结段掘砌深度要求，求取最安全值。其计算方法分别见式(7-1)与式(7-2)。

$$H_{d1} = H_c + H_f + H_{w1} + H_b \tag{7-1}$$

式中：H_{d1}——冻结孔到达不透水岩层的深度（m）；

$\quad\quad H_c$——井检孔提供的冲积层厚度，取 704.60（m）；

$\quad\quad H_f$——基岩风化带的厚度，取 48.06（m）；

$\quad\quad H_{w1}$——《煤矿井巷工程施工标准》（GB 50511—2022）规定的主冻结孔深入不透水基岩的深度要求，当冻结深度大于 500m 时，取 14～18m；

$\quad\quad H_b$——井筒超过井检孔的高度，取 2.76m。

由式(7-1)计算得到 H_{d1} 为 773.42m。

$$H_{d2} = H_{d0} + H_{w2} \tag{7-2}$$

式中：H_{d2}——冻结孔到达超过冻结段掘砌的深度（m）；

$\quad\quad H_{d0}$——冻结段井壁壁座底板深度，取 767m；

$\quad\quad H_{w2}$——《煤矿井巷工程施工标准》（GB 50511—2022）规定的主冻结孔到达冻结段掘砌的深度，当冻结深度大于 500m 时，取 13～15m。

由式(7-2)计算得到 H_{d2} 为 782m。

当考虑最不利因素时，冻结深度的选取应同时满足以上两种计算方法，并取其最大值：

$$H_d > \max\{H_{d1}, H_{d2}\} \tag{7-3}$$

因此确定冻结深度为 782m。

2）冻结厚度

冻结厚度的计算可以根据不同土层特性采用不同的计算方法，即按砂性土层和黏性土层分别计算。当考虑砂性土层时，由无限长弹塑性厚壁筒模型按第三强度理论推导得出的冻结壁厚度计算公式计算：

$$E_1 = R\left[0.29\left(\frac{P}{K_1}\right) + 2.3\left(\frac{P}{K_1}\right)^2\right] \tag{7-4}$$

式中：E_1——砂性土层的冻结壁厚度（m）；

R——井筒掘进半径（m）；

P——计算水平的地压（MPa）；

K_1——砂性土层的冻土计算强度（MPa）。

当考虑黏性土层时，由有限长塑性厚壁筒模型按第四强度理论推导得出的冻结壁厚度计算公式计算：

$$E_2 = \frac{\eta \cdot P \cdot h}{K_2} \tag{7-5}$$

式中：E_2——黏性土层的冻结壁厚度（m）；

　　　h——安全掘砌段高度（m）；

　　　K_2——黏性土层的冻土计算强度（MPa）；

　　　η——工作面冻结状态系数，掘进工作面为非冻结状态时取$\sqrt{3}$，掘进工作面冻实时取$\sqrt{3}/2$，$\eta = 0.865 \sim 1.73$。

根据式(7-5)计算得到砂性土层冻结壁厚度设计为 10.3m，规划冲积层中深部采用模板高度为 3.8m，爆破掘进段高度为 6.5m；底部黏性土层采用模板高度为 2.5～3.0m，爆破掘进段高度为 4.7～5.1m，黏性土层冻结壁设计厚度为 9.9m，两类土层得到的冻结壁厚相似，考虑最不利因素，冻结壁设计厚度确定为 10.3m。

3）冻结孔布置形式

由前面对冻结深度和冻结厚度的设计可以看出，赵固二矿西风井设计具有超深、超厚的特点。井壁厚度和冻结壁厚度的增加使得施工难度增加，冻结管断裂和井壁压坏的可能性增大，特别是在深厚冲积层中黏性土层的冻土扩展速度慢、强度低、冻结壁蠕变位移大，冻结与掘砌的矛盾增大。超深厚土层采用多圈冻结可以有效提高冻结强度，减少冻结管长度，降低冻结壁厚度[68]。多圈孔冻结时应区分主冻结孔圈位置。

（1）外圈为主冻结孔圈

外圈为主冻结孔圈的布置形式强调以外圈冻结壁为基础，适当加强中、内圈的冻结力度，提高冻结壁的整体强度和井帮稳定性，确保冻结壁外侧的扩展范围和冻结壁的有效厚度；相对地减小了外孔圈径，并在外圈相对密集冻结孔的包围下，中内圈孔布置相对地稀疏、均匀，减少了冻结孔总数；缩短内侧冻土扩至井帮的时间，实现井筒早日开挖和防止浅部片帮；充分发挥各孔圈的协同作用，对中、内孔圈供冷量进行有效调控，可有效控制中深部井帮温度变化和冻土扩入井帮的范围，为安全快速施工创造较好条件。

（2）中内圈为主冻结孔圈

中内圈为主冻结孔圈的布置形式强化中内孔圈的冻结力度，使中内圈冻结孔相对密集，外孔圈径变大，冻结总孔数增多；降低中深部冲积层井帮温度，提高中深部冲积层冻结壁的稳定性；靠近井帮的冻结孔布置增多，根据冻结工程统计，靠近井帮的冻结孔数易造成冻结管断裂；中深部冲积层井帮温度偏低，井心易于冻实，增加了掘进难度，降低了施工速度。

图7-1展示了中内圈或外圈为主冻结孔圈的温度随深度变化曲线。以外圈为主冻结孔布置方式的外圈冻结孔相对密集，但辅助孔、防片孔布置相对稀疏、均匀，总的冻结孔数、冻结钻孔工程量、冻结需冷量较小；主冻结孔圈处于低应力和低变形区域，冻结壁整体稳定性好；防片孔布置与井壁变截面相结合，井帮温度经过几次适度回升，减缓了井壁温度快速降低的趋势，考虑到以外圈为主冻结孔布置提高了防片孔、辅助孔调控的便利性，中深部黏性土层井帮温度可基本控制在$-7\sim-12℃$。因此确定采用以外圈为主冻结孔圈，主冻结孔内侧增设辅助、防片冻结孔的布置方式，既能保证冻结壁安全，又便于冻结调控，可为掘砌创造较好的施工条件，有利于实现安全快速施工。

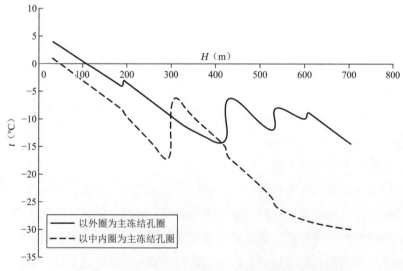

图7-1　中内圈或外圈为主冻结孔圈的温度随深度变化曲线

4）冻结孔圈径和间距

多圈冻结孔布置时，应对不同类型冻结孔的圈径和间距分别计算。不同类型的冻结孔圈径计算方法为：

$$\begin{cases} \phi_z = D_n + 2(E - E_w) + 2a \\ \phi_f = \phi_z - 2S_{zf} \\ \phi_p = \phi_f - 2S_{fp} \end{cases} \tag{7-6}$$

式中：ϕ_z——主冻结孔圈径（m）；

ϕ_f——辅助冻结孔的布置圈直径（m）；

ϕ_p——防片冻结孔的布置圈直径（m）；

D_n——井筒掘进直径（m）；

E——冻结壁计算厚度（m）；

E_w——冻结壁外侧扩展范围（m）；

a——冲积层段冻结孔钻进靶域控制半径（m）；

S_{zf}——主冻结孔圈与辅助冻结孔圈之间的距离（m）；

S_{fp}——防片冻结孔圈与辅助冻结孔圈之间的距离（m）。

不同类型的冻结孔数与开孔间距关系为：

$$\begin{cases} n_z = \dfrac{\pi \phi_z}{l_z} \\[2mm] n_f = \dfrac{\pi \phi_f}{l_f} \\[2mm] n_p = \dfrac{\pi \phi_p}{l_p} \end{cases} \tag{7-7}$$

式中：n_z、n_f、n_p——主冻结孔、辅助冻结孔、防片冻结孔的数量；

ϕ_z、ϕ_f、ϕ_p——主冻结孔、辅助冻结孔、防片冻结孔的布置圈直径（m）；

l_z、l_f、l_p——主冻结孔、辅助冻结孔、防片冻结孔的开孔间距（m）。

基于上述计算方法得到冻结孔施工主要参数见表 7-2。

表 7-2　冻结孔主要技术参数

序号	项目名称		主要技术参数
1	主孔圈	圈径（m）	24.8
2		深度（m）	783
3		孔数（个）	26

续上表

序号	项目名称			主要技术参数
4	主孔圈	开孔间距（m）		1.498
5		至井帮的距离（m）		7.325～8.475
6		各圈冻结管规格（mm）	冻结深度 0～400m	$\phi159 \times 6$
			冻结深度 400～600m	$\phi159 \times 7$
			冻结深度 > 600m	$\phi159 \times 8$
7	辅助孔圈	圈径（m）		16.7/19.7
8		深度（m）		736/736
9		孔数（个）		16/16
10		开孔间距（m）		3.279/3.868
11		至井帮的距离（m）		3.325～4.425/4.825～5.925
12		各圈冻结管规格（mm）	冻结深度 0～400m	$\phi159 \times 6$
			冻结深度 400～600m	$\phi159 \times 7$
			冻结深度 > 600m	小圈：$\phi140 \times 8$
				大圈：$\phi159 \times 8$
13	防片孔圈	圈径（m）		11/12.5/14.5
14		深度（m）		193/423/535
15		孔数（个）		5/10/10
16		开孔间距（m）		6.912/3.927/4.555
17		至井帮的距离（m）		1.575/1.70～2.325/2.475～3.325
18		各圈冻结管规格（mm）	小圈	$\phi133 \times 5$
			中圈冻结深度 0～298m	$\phi159 \times 6$
			中圈冻结深度 > 298m	$\phi133 \times 7$
			大圈冻结深度 0～400m	$\phi159 \times 6$
			大圈冻结深度 > 400m	$\phi159 \times 7$

5）冻结制冷需冷量

冻结制冷的需冷量的计算方法为：

$$\begin{cases} Q = Q_k m_c \\ Q_k = \pi dHNK_a \\ Q_B = Q/A \\ Q_J = Q_B m_b \end{cases} \tag{7-8}$$

式中：Q——冻结需冷量（kcal/h）；

Q_k——冻结管总散热能力（kcal/h）；

d——冻结管外径（mm）；

H——不同管径冻结管平均深度（m）；

N——不同管径的冻结管数量；

K_a——冻结管的单位热流量[kcal/(m² · h)]；

m_c——地面低温管路及设备的冷量损失系数；

Q_B——冻结标准需冷量（kcal/h）；

Q_J——冷冻站装机标准制冷能力（kcal/h）；

A——冷冻机实际工况制冷量与标准制冷量之间的换算系数；

m_b——冷冻站装机备用系数。

冲积层和基岩中冻结器总散热面积分别为 34496m² 和 2187m²，冻结期的冻结管单位热流量分别取 230kcal/(m² · h)、350kcal/(m² · h)，冷量损失系数取 1.12，由此得到总需冷量为 974.35 × 10⁴kcal/h。

7.2.2　井筒冻结施工技术与措施

赵固二矿西风井的冲积层厚度与冻结深度分别为 704.6m 与 783m，地质结构较为简单，统计所有冻结孔得到总钻孔工程量为 74397m，另外包含水位观测孔、温度观测孔的总钻孔工程量为 78484m，设计采用 7 台水井钻机同时钻进，平均台月工程量取 2100m，打钻工期为 165d。

赵固二矿西风井采用烟台冰轮生产的双级配搭撬块机组（LG25L20SY）和双级配组散系统机组（LG25BLY/LG20BMY）满足制冷需求，如图 7-2 所示。在+35～−39℃时，单台双级配搭撬块机组的制冷量为 619kW（53.28 × 10⁴kcal/h），低压机轴功率为 186kW，高压机轴功率为 152kW；双级配组散系统机组每套的制冷量为 592kW

图 7-2　双机双级螺杆压缩机制冷系统

（50.91 × 10⁴kcal/h），低压机轴功率为 139.5kW，高压机轴功率为 188.3kW。根据总需冷量进行分配，主孔冻结器选用双级配搭撬块机组 12 台套（备用 1 台套），辅助孔和防片孔冻结器选用双级配组散系统机组 10 台套（备用 1 台套），冻结站合计装机 22 台套（备用 2 台套）。

为了实现高效冻土施工，本工程采用了以下施工措施：

1）控制好上部开孔质量

冻结孔施工应以防偏为主、纠偏为辅为指导思路。要控制好上部孔的偏向和垂直度，100～150m 钻孔的偏斜率要控制在 1‰以内，从而给深部钻进提供导向作用。对认为难打的层段要少打勤测，发现偏斜应及时处理，若偏斜段过长，偏斜率过大，会造成纠斜困难，甚至造成钻孔报废。

2）合理利用优质泥浆

钻孔钻进时，泥浆的作用不可低估，泥浆性能参数是否合理，直接关系到孔壁的稳定性和钻进效率的快慢。泥浆的作用为挟带岩粉、冷却钻头和保护孔壁。针对地层中砂土层较多的特点，施工用泥浆由优质黏土及纯碱及水解聚丙烯腈按配比组成。施工中，泥浆的主要性能指标范围见表 7-3。

表 7-3 泥浆性能指标

钻进岩性	黏度（s）	相对密度	失水量（mL/30min）	含砂量（%）	pH 值	胶体率（%）
砂层	20～25	1.10～1.15	≤20	<3.5	7～9	>98
黏土	18～20	1.05～1.10	≤20	<3.5	7～9	>98
基岩	19～22	1.05～1.15	≤20	<3.5	7～9	>98

3）仪器校验

施工前和施工过程中要定期对使用的仪器进行检查和校验，以保证仪器的精度和测斜资料的可靠性。钻孔施工过程中，要加强孔斜监测工作，以保证钻孔的垂直度及孔间距符合设计和规范要求。施工过程中在仪器反应正常的情况下，每半月校验一次，若出现异常反应，随时进行校验。钻探深度超过 700m 时，采用同一台测斜仪（共用一个陀螺）进行测斜和定向，以消除其影响。

4）防偏与纠偏

在防偏方面，除了采用合理的钻具组合外，第一力求开孔直；第二采用合理的钻进技术参数，特别注意变层时的操作；第三使用性能适宜的泥浆；第四使用高强度的三牙轮钻头。在纠偏方面，在钻孔测斜过程中，一旦发现孔斜有超限的趋势就应立即进行纠偏。常采用的纠偏方法有两种：一是垫钻塔纠偏；二是螺杆钻纠偏。一般在孔深小于 100m 时，采用第一种纠偏方法；孔深大于 100m 后采用第二种纠偏方法。

5）优化冻结管下放工艺

由于冻结深度增加，厚黏土层段在冲积层中占相当大的比例，冻结管焊接下放时间明显延长，下放过程中因膨胀黏土层缩径、砂层砾石层的坍塌和泥浆的沉淀而造成冻结管下不去的现象经常出现。本工程采用两根短冻结管地面焊接配组的方式和两个电焊工同时焊接下放冻结管接头的办法，可大大缩短深冻结孔施工中冻结管下放的时间。

6）合理安排施工组织工序

为了能使钻机最大限度地平行作业，施工中应针对钻机之间的差别，及时调整钻孔分配或对换钻机人员，尽可能保证钻机完成工程量的平行推进。特别是施工后期，要尽可能达到剩余孔数能容纳的最大钻机台数平行作业，从而缩短钻孔的总施工工期。另外，施工单位和冻结单位相互协作，合理确定钻进后期测温孔的位置，在保证冻结需要的前提下考虑钻机位置的最佳组合，也能适当缩短施工工期。

7）解决混凝土盘的破坏问题

由于钻孔深，钻具重，而且工程量大，施工工期长，对混凝土盘的破坏严重。可以采用以下方法增加混凝土的厚度：在混凝土中加入一定量钢筋；混凝土盘分上、下两层，下层不留泥浆沟槽，只留 0.5m × 0.5m 的钻孔坑，以增强混凝土盘的整体性；混凝土盘下一旦出现空区，应及时用黏土水泥浆充填。

8）其他技术措施

（1）本工程共有 5 层砾石层，层厚最厚的达 8.89m 以上，在施工时由于砾石的不规则性，在施工时极易造成钻孔偏斜，施工时钻机要轻压、高转速施工才能保证钻孔偏斜在允许范围内和孔壁的形成。

（2）表土层施工中有 4 段大段黏土层（246～318m、395～428m、461～482m、634～676m），此段地层施工时钻机在钻进过程中一旦控制不好压力就容易使钻孔出现偏斜。施工此段地层时，钻机钻铤数量由原来的 2 根加至 4 根，以保证钻孔的垂直度，并提高转速、减轻压力。

（3）在深度 500m 以下施工时，由于该地层多以为防止因测斜或维修设备时间太长而导致钻孔抱钻，本工程规定 500m 以下施工每次测斜或修理设备时都需要活动钻具，防止抱钻发生。

（4）施工后期，由于地层经过长时间化学泥浆的浸泡，地层发生变化，导致相邻钻孔出现窜浆。发现窜浆后，应使用水泥掺杂陶土混合将窜浆钻孔封堵。

（5）根据测斜资料，基岩段从 720m 处开始就已经出现明显的基岩倾角。基岩段施工时，往往 10m 钻孔偏斜变化就能达到 150mm/m。根据此基岩段特点，在施工时采用提前造斜（在表土段施工时根据基岩倾角方向在顶角方位上造斜）的方法施工。

7.3　冻土钻眼爆破施工技术

钻爆法是岩土体开挖的常用方法，该方法通过在开挖工作面布置大量钻孔，选择合理的爆破参数进行装药起爆，形成开挖轮廓，具有施工成本低、技术易掌握、适用条件广等特点。为了实现冻土钻爆法高效施工，需要对爆破参数及施工工艺进行针对性设计。

7.3.1　冻土钻爆法关键参数设计

3.1 节给出了赵固二矿井钻爆施工的具体爆破参数，本节主要给出冻土钻爆爆破参数的选取依据，形成冻土钻爆法的爆破参数选取体系，以实现冻土钻爆方案的快速设计。

1）炮孔数目

炮孔数目主要与断面面积、炮孔直径、岩石性质和炸药性能有关。炮孔数目过少将造成大块增多、壁面不整，甚至会出现炸不开的情况；相反，炮孔数目过多将使钻孔工作量增大。因此，炮孔数目确定的基本原则是在保证爆破效果的前提下，尽可能地减少炮孔数目。炮孔数目 N 可根据循环药量炮孔均分计算法估算：

$$N = \frac{q \cdot S \cdot \eta}{\chi \cdot d_{\mathrm{c}}^2 \cdot \rho_0} \tag{7-9}$$

式中：q——炸药单耗（kg/m³）；

　　　d_c——装药直径（mm）；

　　　η——炮孔利用率；

　　　χ——装药系数；

　　　ρ_0——装药密度（kg/m³）；

　　　S——断面面积（m²）。

2）炮孔间距

（1）掏槽孔

掏槽孔布置既要保证槽腔内岩石充分破碎，又要防止槽腔内破碎岩渣出现挤死现象。因此，掏槽孔间距应满足补偿空间的要求：

$$R_c \leqslant \frac{\pi}{4} \times \frac{(D_0^2 + D_1^2)(k+1)}{(D_0 + D_1)(k-1)} \tag{7-10}$$

式中：R_c——掏槽孔间距（mm）；

　　　D_0——中心空孔直径（mm）；

　　　D_1——掏槽孔直径（mm）；

　　　k——冻土碎胀系数。

（2）辅助孔

立井开挖时，辅助孔呈圆圈形布孔，且为多圈布置。辅助孔在掏槽孔后起爆，并由内而外起爆。因此，每一圈辅助孔的布置范围，应结合前一圈孔布置并满足补偿空间要求，以第一圈辅助孔为例，考虑掏槽孔的布置得到辅助孔的布置半径满足：

$$(\pi S_1^2 - N_1 \pi r_2^2 - 4\pi r_1^2 - \pi r_0^2) \cdot k \leqslant \pi S_1^2 \tag{7-11}$$

式中：S_1——第一圈辅助孔半径（mm）；

　　　N_1——第一圈辅助孔数目；

　　　r_2——辅助孔半径（mm）；

　　　r_1——掏槽孔半径（mm）；

　　　r_0——中心空孔半径（mm）；

　　　k——冻土碎胀系数。在计算第二圈或第N圈辅助孔时，将式(7-11)进行参数替换即可。

（3）周边孔

周边孔爆破应保证孔间的充分贯通，形成良好的轮廓线，可以根据裂隙区半径进行布置。

$$
\left.\begin{array}{l}
R = r_{\mathrm{b}}\left(\dfrac{\sigma_{\mathrm{r}}B}{\sqrt{2}\sigma_{\mathrm{td}}}\right)^{\frac{1}{\beta}}\left(\dfrac{\rho_{\mathrm{e}}D_{\mathrm{e}}^2 n_0 K_1^{-2\gamma}K_2 B}{8\sqrt{2}\sigma_{\mathrm{cd}}}\right)^{\frac{1}{\alpha}} \\[4mm]
B = \left[(1+\lambda)^2 - 2\mu_{\mathrm{d}}(1-\lambda)^2(1-\mu_{\mathrm{d}}) + (1+\lambda^2)\right]^{0.5}
\end{array}\right\}
\tag{7-12}
$$

式中：λ——侧压力系数；

ρ_{e}——炸药密度（kg/m³）；

D_{e}——炸药爆速（m/s）；

K_1——装药径向不耦合系数；

K_2——装药轴向不耦合系数；

n_0——爆生气体碰撞岩壁时产生的应力增大倍数，$n_0 = 8 \sim 11$；

r_{b}——炮孔半径（mm）；

σ_{td}——冻土单轴动态抗拉强度（MPa）；

σ_{cd}——冻土单轴动态抗压强度（MPa）；

μ_{d}——冻土动态泊松比，$\mu_{\mathrm{d}} = 0.8\mu$；

α、β——分别为冲击波和应力波衰减指数；

γ——爆轰产物膨胀绝热指数，一般$\gamma = 3$；

B——Mises 应力转换系数。

3）装药量

（1）掏槽孔

掏槽爆破的目的是促使岩石向外抛掷，形成良好空腔。利用抛体堆积法，以弹道理论为基础，将岩体视为高速抛掷单元体，通过安全的抛掷距离来计算装药量Q_1：

$$
Q_1 = 0.55\left(\sqrt{\frac{s_2^2}{4} + s_1^2} - D_1\right)\left(\sin\frac{\varphi}{2}\right)^{3/2}(L - L_{\mathrm{s}})
\tag{7-13}
$$

式中：s_1——掏槽孔到掏槽中心的间距（mm）；

　　　s_2——掏槽孔各孔间距（mm）；

　　　φ——抛掷角度（°）；

　　　D_1——掏槽孔直径（mm）；

　　　L——掏槽孔深度（mm）；

　　　L_s——封堵长度（mm）。

（2）辅助孔与周边孔

辅助孔、周边孔与掏槽孔相比，槽腔宽度值已足够，关键是在炮孔抵抗线 W 较大的情况下，保证孔壁压力，形成贯通裂缝，故炮孔直径对辅助孔或周边孔炸药单耗影响较大，可由式(7-14)计算：

$$Q_2 = 1.033 \times r_3^{2.2} \times W^{0.35} \times 10^{-5} \tag{7-14}$$

式中：r_3——辅助孔或周边孔半径（mm）；

　　　Q_2——辅助孔炸药量（kg）；

　　　W——辅助孔或周边孔抵抗线（mm）。

4）起爆时差

立井冻土爆破开挖中，不同类型的炮孔起爆时间不同，一般开挖中心的掏槽孔首先起爆，然后辅助孔逐圈向外起爆，最后周边孔起爆。《煤矿安全规程》（国家安全生产监督管理总局令第 87 号）中规定，矿山爆破作用的延时时间最长不超过 130ms，满足条件的毫秒延期雷管共有 5 段，分别为 0ms、25ms、50ms、75ms 和 110ms。因此本节主要是对起爆时差进行估算，检验所选雷管段数的合理性。冻土爆破过程可以分为爆轰波或导爆索传爆、孔间岩石破碎、岩石崩落三个阶段。

爆轰波或导爆索传爆时间：

$$t_1 = \frac{L_c}{D_e} \tag{7-15}$$

孔间岩石破碎时间：

$$t_2 = \frac{R}{C_f} \tag{7-16}$$

岩石崩落时间：

$$t_3 = \frac{W}{v_\mathrm{x}} \tag{7-17}$$

以上式中：L_c——装药长度（mm）；

$\quad\quad\quad\quad D_\mathrm{e}$——炸药爆速（m/s）；

$\quad\quad\quad\quad R$——炮孔间距（mm）；

$\quad\quad\quad\quad C_\mathrm{f}$——裂纹平均扩展速度（m/s）；

$\quad\quad\quad\quad W$——最小抵抗线（mm）；

$\quad\quad\quad\quad v_\mathrm{x}$——岩石抛掷速度（m/s）。

因此，不同孔圈的起爆时差为：

$$T = t_1 + t_2 + t_3 \tag{7-18}$$

7.3.2 冻土钻爆法施工工艺

1）测量放线

井筒中心以监理工程师提供的中心桩为准，施工过程中采用小绞车缠绕的细钢丝和铁坠砣定向，细钢丝作为测量基准（井筒中心）。若只提供近井点资料和井筒中心设计坐标，则应先标定井中位置，使用全站仪或激光测距仪按地面一级导线精度要求测定。十字中心线的测设及十字基桩的埋设应满足建井期间施工需要，基点类型、数量、设置方式根据现场情况而定。井筒中心及十字中心线设定后，应以导线检查测量，两条十字中心线垂直度允许误差为±10″。十字中心线基点可同时作为水准基点使用，按地面一级水准测量精度要求，将监理工程师提供的已知水准基点高程测至十字中心线基点上，作为高程控制点。绘制十字中心线位置图，图中标明控制点的高程、间距、设计与实际的坐标及主中心线坐标方位角。井筒施工采用垂线法，中心垂线为直径 2～3.8mm 的碳素弹簧细钢丝绳，垂球质量不小于 30kg。井筒掘进过程中，每段砌壁前进行校对，井筒中心位置偏差不得超过 5mm 并及时测量井底高程。

2）钻孔工艺

冻土具有强度低、黏塑性大、易融化等特点，要求钻孔机具备较好的排渣能力[58]。表土段采用 CAT7.8 型电动挖掘机掘进，HZ-6A 型中心回转抓岩机挖掘装土；基岩风化带以下采用 FJD-6 伞钻（图 7-3）改装 MQT150 型锚杆钻机，配以麻花钻杆、Y 形钻头。

普通基岩段掏槽深度为 3.2m，其他炮孔深度为 3m，炮孔直径为 55mm。打眼前按设计要求画出井筒轮廓线，点出炮孔位置，采取定人、定位、定眼、定机分区作业。施工中应根据冻结管倾斜情况，及时调整周边孔位置，保证周边炮孔距冻结管不小于 1.2m。钻机对钻孔的要求：一是开孔定位准确；二是钻孔偏斜率小。防止钻孔偏斜及纠偏的主要措施有：

图 7-3　FJD-6 伞钻

（1）彻底清除浮渣后，定出炮孔的位置并钻孔，钻进时要做到"平""直""准""齐"，钻孔邻近全深时，减压钻进。

（2）安装导向管能有效减小由于钻杆晃动造成的钻孔偏斜。

（3）钻孔完成后还应进行钻孔测斜，绘制实测图，偏斜时可采用以下方法进行处理。

①反向回转钻进纠偏法：当钻孔方位沿钻头回转方向偏斜时，以反转钻进纠正。

②扩孔纠偏法：加大一级钻具，从较直孔段向下打扫，将偏的孔段通过扩壁纠直。

③回填老孔纠斜法：一般在老孔孔底偏斜段灌注水泥，待凝固后，选用长、粗、重的钻具，并配无内出刃的金属钻头，轻压慢转并反复扫孔，恢复顺直的新孔达到 0.5m 以上，然后开始正常钻进。

④如果钻孔打歪、交叉、超偏，充填后重新补孔。

3）装药封堵工艺

立井冻土爆破是在负温条件下进行的。炸药采用 T220-nd 抗冻水胶炸药（−25℃），该炸药具有良好的耐低温、防水性，适合立井开挖使用。炸药规格为 $\phi 35mm \times 400mm \times 0.4kg$，周边孔装药长度不超过 800mm。采用毫秒延期电雷管，最后一段延期时间不超过 130ms，分段起爆。

掏槽孔和辅助孔的装药结构分别如图 7-4 和图 7-5 所示。根据爆破参数布置，掏槽孔装药卷数为 4 卷，采用反向装药结构，向孔内装药时，孔底一节药卷插入电雷管，用于制作炮头，聚能管的聚能穴朝向孔口方向。装药完成后捋出雷管脚线并进行封堵，封堵长度不小于 1m。辅助孔与掏槽孔装药施工方法相同，装药卷数为 4 或 5 卷。

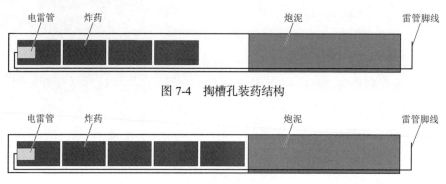

图 7-4　掏槽孔装药结构

图 7-5　辅助孔装药结构

周边孔采用轴向不耦合间隔装药，如图 7-6 所示。装药卷数为 2 卷，装药时第一节药卷制作炮头都放置在炮孔底部，通过向孔内装入间隔材料后再装入一节药卷，并制作炮头。每节药卷均保留一定长度的空气柱，实现轴向间隔装药。

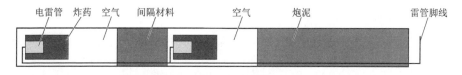

图 7-6　周边孔装药结构

连线方式采用并联。爆破母线采用截面面积为 3.8mm² 铜母线电缆，放炮母线上端与放炮电缆相连，下端与雷管脚线相连。井下工作面各炮孔装药、连线完毕后，从吊盘下放放炮母线至工作面，放炮母线上端与放炮电缆相连，下端与雷管脚线相连，经检查装药、连线无误后，再进行放炮。

4）起爆工艺

（1）爆破振动预测与保护

当爆破振动达到一定强度后，会导致处于临界稳定状态的局部岩体动力失稳或邻近的构筑物及仪器设备设施受爆破振动而破坏。因此，控制爆破振动亦是冻土爆破施工工艺研究过程中不可或缺的重要环节。爆破振动峰值速度是衡量爆破振动强度的主要因素之一。

评价爆破对不同类型建（构）筑物、设施设备和其他保护对象的振动影响，应采用不同的安全判据和允许标准。在地下进行爆破时，其主频一般在 30～100Hz，矿山振动安全允许标准为 18～30cm/s，取 20cm/s。表 7-4 给出了起爆药量和安全距离的关系。降低一次爆破最大用药量是控制爆破振动最有效的方法之一。

表 7-4　起爆药量与爆破振动安全距离的关系

起爆药量（kg）	质点振动速度（m/s）	安全距离（m）
50	20.208	14
100	21.35	17
150	20.488	20
200	20.5	22
250	20.11	24
300	25.69	26

（2）爆破后有毒气体预防措施

爆破后将产生大量有毒气体，按规定应满足：空气中 CO 浓度 $< 0.15\%$，CO_2 浓度 $< 0.5\%$，CH_4 浓度 $< 1\%$，$NO_2 < 0.0024\%$。有毒气体的安全距离 R_g 为：

$$R_g = K_g\sqrt{Q} \tag{7-19}$$

式中：Q——总装药量（kg）；

　　　K_g——系数。

为确保安全，防止意外事故发生，通风 45min 后，方可由三位安全检查人员戴好氧气呼吸器，进入工作地点确认。

（3）起爆前注意事项

①装药前，必须对爆破器材进行严格检验，要对入库的爆破材料做各项测试，并在地表进行爆破网路模拟试验。

②雷管要按设计的段别备齐，并逐一对号核实、排序；加工起爆药包要用木锥穿孔插入雷管，并用胶布将其固定在起爆药包上。

③为使每个药包准确起爆，选择毫秒延期电起爆系统，合理间隔雷管起爆时差，每个药包设置 1～2 个同段雷管。为了克服水对爆破网路的影响，每个连接头必须用防水绝缘胶布包裹密实。

④封堵一定要完全，确保爆炸应力波和爆生气体充分发挥作用。

⑤做好预防拒爆、早爆和杂散电流的工作。

5）应用效果

研究发现：掏槽孔深 3.2m，其他辅助孔深 3m；掏槽孔、辅助掏槽孔、辅助孔和周边孔共布置 7 圈，全断面 180 个孔，炸药量以 255.5kg 效果较优。以−420～−532m 掘砌为例，具体参数如图 7-7 所示。炮孔平均利用率在 93.3%，炸药单耗为 1.31kg/m³，周边光面爆破效果最好，光爆断面较为平整，掘砌进尺也随之提升，成井井壁如图 7-8 所示。

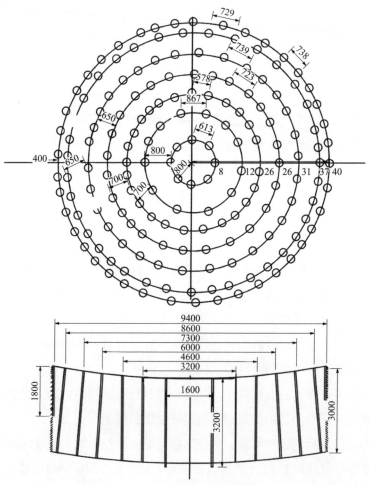

图 7-7　赵固二矿西风井井筒−420～−532m 外壁炮孔布置图（尺寸单位：mm）

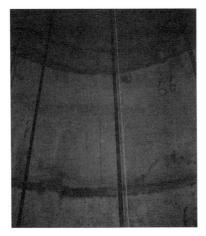

图 7-8　赵固二矿西风井开挖后成井井壁

7.4　立井提升与排矸机械化配套

赵固二矿西风井提升与排矸配备了机械化设备，具体包括：

（1）井架：V形凿井井架，配备 2 个 ϕ3.0m 天轮。

（2）提升绞车：2JK-4.0/JKZ-3.0 型提升机各 1 台。

（3）吊桶：700m 以上采用 5m³ 座钩式吊桶 2 个，700m 以下采用 5m³ 和 4m³ 座钩式吊桶各 1 个，3m³ 底卸式吊桶 4 个。

（4）抓岩机：HZ-6A 型中心回转抓岩机 1 台，如图 7-9 所示。

（5）挖掘机：CAT7.8 型电动挖掘机。

图 7-9　中心回转抓岩机

赵固二矿西风井井筒表土段采用 CAT7.8 型电动挖掘机掘进，HZ-6A 型中心回转抓岩机挖掘装土。基岩风化带以下在打眼爆破后采用 HZ-6A 型中心回转抓岩机装岩。基岩段抓岩机抓岩顺序为：抓出罐窝→抓取边缘矸石→抓井筒中间矸石。

提升与排矸过程中，挖掘机、抓岩机与吊桶配合使用，挖掘机利用主提升绞车置于工作面。挖掘机必须躲开吊桶位置，抓岩机机身下方是挖掘机站位点，此处挖掘机离吊桶距离最远，便于挖掘机配合作业。挖掘机在井下行走路线是两根冻结管之间直线前后行走，这样挖掘机与吊桶、抓岩机相互干扰小，便于配合作业。

挖掘机作业时抓斗（臂）水平方向为弧线运动，竖直方向可直线、可斜线运动，中心回转抓岩机竖直方向和平面均为直线运动；挖掘机抓斗最大抬升高度不大于 3.0m，而抓岩机提升高度大于 3.0m，因此挖掘机最适宜在抓岩机身下工作。挖掘机与中心回转抓岩机配合作业时，吊桶交替提升装矸，装矸时井下只允许下放一个吊桶。

挖掘机首先处在抓岩机机身下方，并靠近井壁，挖掘机与中心回转抓岩机同时挖罐窝，然后再下放吊桶装岩；遇到坚硬或大块矸石时，首先用挖掘机松动并堆在罐侧，下罐后抓岩机在罐侧装土（岩）（一是因为抓岩机较挖掘机移动速度慢，在罐侧装土更能提高工作效率；二是抓斗水平移动距离短，不发"飘"，易控制，施工安全），挖掘机边松动边装岩。找平时利用挖掘机推土板将土（矸石）推至罐侧，抓岩机装罐。采用挖掘机刷帮，抓岩机抓土（矸石）装罐。

集中阶段要充分发挥抓岩机抓岩能力和提升能力，尽快把堆积在井底的大量爆落矸石装运到地面。清底阶段，应加快速度，并保证清底质量，为下一循环打眼创造条件，采用人工多台风镐清底。在清底工作的同时，做好工序转换前的准备工作。

7.5 冻结立井外壁浇筑工艺

深厚表土中，立井井壁是矿井建设中的重要部分，其设计需要考虑混凝土材料性能、地下围压、施工工艺和井筒受力结构[68]。赵固二矿西风井井筒采用临时锁口施工，外壁采用"短段掘砌混合作业"的施工方法。井筒外壁掘进至−752～−767m，首先采用"锚喷网"一次支护，封闭围岩；壁座段施工结束后，利用吊盘在−767m 高程组装段高 1m 的装配式钢模板，使用 3m³ 底卸式吊桶运输混凝土，由下向上连续砌筑内层井壁。外壁砌筑采用单缝式液压脱模整体金属（带刃脚）下行模板，如图 7-10 所示。井筒冲积层砌壁段高遵守《煤矿井巷工程施工标准》（GB 50511—2022）相关规定，在正式开挖前，冻结壁径向位移小于或等于 50mm，循环作业时间小于或等于 30h，段高小于或等于3.8m；深厚黏土层施工段高不应大于 2.5m。外壁的立模工艺包括：找平工作面→落刃角找正→铺设泡沫板→按设计间排距安装竖向钢筋、绑扎环向钢筋→落模板浇筑混凝土。井壁竖筋采用直螺纹机械连接，并严格按照《钢筋机械连接技术规程》（JGJ 107—2016）技术标准执行；环筋采用搭接连接，搭接长度不得小于 35d（d 为钢筋直径），绑扎前用红漆做好搭接长度标记。混凝土的强度等级随着地下围压的增加而改变，从 0 到−120m 采用 C50～C70 强度混凝土，−120m 到−590m 采用 C80，深度−590m 以下依次是 C90、C95、C100强度等级混凝土。

模板脱模后由信号工与井上联系，使模板恢复到设计尺寸开始组立，将高压阀门打到减压位置，使模板恢复到设计尺寸死锁，将模板找正，稳固牢靠。打开模板上的脚手架，模板即组立完成。从井上将风动液压泵站下到井下，接上风管，并给油缸对上高压油管，开动风动液压站，启开高压阀门，使油缸工作带动活塞内收，使模板脱开砌壁。脱模间隔时间不少于 6h，脱模时混凝土强度达到 0.7～1.0MPa。

在浇筑混凝土前必须把接茬处用镐将杂物清净，模板刃脚处岩石铺平，防止漏浆。外层井壁施工过程中，吊盘下层盘喇叭口上安装灰箱工字钢梁，灰箱牢固放在下层吊盘喇叭口工字钢上，灰箱下悬吊的钢丝铠装耐磨胶管对称入模；每次浇筑混凝土厚度不得超过 300mm，振捣分布间距一般为 300～400mm，入模混凝土采用插入式振动器通过合茬窗口进行分层振捣。井口设混凝土集中搅拌站，2 台 HZ-75 型强制搅拌机，配 PLD-2400 型混凝土配料机，混凝土由地面搅拌站配制，3m³底卸式吊桶下灰，通过分灰器、溜灰管入模，如图7-10所示。

图7-10　单缝式液压脱模整体金属（带刃脚）下行模板

⚙ 7.6　施工组织管理与安全保证措施

为安全、快速、高效地完成风井施工任务，赵固二矿西风井工程实行项目部管理法。项目部配备有项目经理、支部书记、生产经理各一人，对项目进行有效管理。项目经理选用有类似深井井筒施工经验的优秀项目经理，并且项目部领导班子集体承包，风险抵押，成本核算，按劳分配，全员管理。建立以项目经理全面负责的劳动力管理组织体系，项目经理全面负责组织每月两次的劳动力协调会。根据当月的施工生产任务和地质条件的变化，对各个施工班组劳动力进行平衡、协调，及时解决劳动力配合中的矛盾，并预计下月的劳动力使用数量，并提出使用计划，做到动态管理。

井筒外壁施工采用短段掘砌混合作业方式。掘进班组采用"滚班"作业制度；内壁施工采用"三八"作业制度；地面辅助采用"三八"作业制度。施工横道图如图7-11所示。

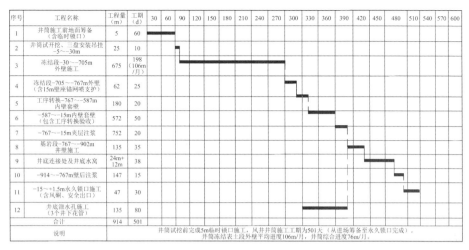

序号	工程名称	工程量(m)	工期(d)	30	60	90	120	150	180	210	240	270	300	330	360	390	420	450	480	510	540	570	600
1	井筒施工前地面筹备(含临时锁口)	5	60																				
2	井筒试开挖、三盘安装吊挂−5～−30m	25	10																				
3	冻结段−30～−705m外壁施工	675	198(106m/月)																				
4	冻结段−705～−767m外壁(含15m壁座锚网喷支护)	62	25																				
5	工序转换−767～−587m内壁套壁	180	25																				
6	−587～−15m内壁套壁(包含工序转换验收)	572	50																				
7	−767～−15m夹层注浆	752	20																				
8	基岩段−767～−902m井壁施工	135	35																				
9	井底连接处及井底水窝	24m+12m	38																				
10	−914～−767m壁后注浆	147	15																				
11	−15～+1.5m永久锁口施工(含风硐、安全出口)	47	30																				
12	井底泄水孔施工(3个井下花管)	135	80																				
	合计	914	501																				
	说明			井筒试挖前完成5m临时锁口施工，风井井筒施工工期为501大（从进场筹备至永久锁口完成）。井筒冻结表土段外壁平均进度106m/月，井筒综合进度76m/月。																				

图 7-11　赵固二矿西风井井筒掘砌工程施工工期横道图

赵固二矿西风井的井筒工程劳动力由矿建队、机电班组、运输班组三部分组成；劳动力构成形式以矿建队为主，机电班组、运输班组配合。施工时按照井筒施工准备阶段、冻结表土层施工阶段、井筒基岩施工阶段及内壁施工阶段，合理安排劳动力。

⊜ 7.7　冻结井壁监控测量

依据设计要求，井筒最大径向位移不得超过 50mm，在井壁施工中实时监测井壁位移，通过调整井壁模具来减小井壁位移的变动。为监测外层井壁温度的变化范围，以及壁后冻结土融化范围、回冻时间、冻土融化对井壁受力特性的影响，在冻结井壁和壁后冻土测温中，通过在井下测温点组建无线网络，利用无线传输技术，在需要测温的地方放一个测温终端，将总线测温电缆接至测温终端上，深井井壁及壁后冻土测温就由若干个无线测温终端组成，读取温度的时候仅需要手持便携式无线温度采集仪，随工作吊桶采集各个测温终端的数据并存储，在井下或回到地面后将温度读取出来进行分析处理。井壁测点布置见表 7-5。井筒施工给向采用垂线法，由碳素弹簧细钢丝绳加垂球进行量测，确保井筒中心位置偏差不得超过 5mm，控制井筒位移。

表 7-5　赵固二矿西风井井壁测点布置

深度（m）	土性	内壁			外壁			冻土中测点数（个）
		混凝土强度等级	壁厚（mm）	测点数（个）	混凝土强度等级	壁厚（mm）	测点数（个）	
133	黏土	C50	450	3	C50	450	3	4
230.3	黏土				C60	600	4	4
239	黏土	C60	600	4	C60	600	4	4
390	砂黏	C75	800	5	C75	700	4	4
500	砂黏	C80	800	5	C80	900	5	4
610	黏土	C90	950	5	C90	1000	5	4
660	黏土	C95	950	5	C95	1000	5	4
700	砂黏	C100	950	5	C100	1000	5	4
760	砂泥	C90	1750	8				

7.8　立井冻结爆破施工效果

赵固二矿西风井通过冻结调控和冻掘配合施工的有益效果如下：

（1）冻结工程实现了井帮温度设计的调控目标，基本维持深部黏性土层井帮温度在−7～−11℃范围，施工环境温度良好，避免了低温对炸药起爆的影响。

（2）爆破掘进的炸药起爆率和爆破效果均超过以往深冻结井筒，深部黏性冻土的爆破每炮循环进尺由 2.6m 左右逐渐提高至 2.8m 以上，甚至突破 3.0m，验证了爆破参数在实际工程应用上的可行性。

（3）达到了爆破后预期的效果，降低了炸药消耗量，炮孔利用率为 93.3%，立井成型较好，爆破面光滑无片帮，为后续浇筑混凝土提供了良好的工作面。

（4）赵固二矿西风井施工过程中，配备引进行业领先的双电机提升机、挖掘机、液压伞钻等设备，形成了立井施工机械化作业线。首次在井筒施工中成功运用 C100 高强度等级混凝土，填补了国内此项技术空白，采用"六盘十二模（六层吊盘和每日施工十二套 1m 高套壁模板）"井筒套壁施工法，安全快速完成了世界第二的 767m 套壁深度施工。提前预埋注浆管和测温元件，合理选择注浆时机，节约壁间注浆工期 10 多天，优化冻结造孔施工方案，适时调控冻结壁的厚度强度，取得了冻结表土层外壁掘砌月均进尺 90m 的成绩，刷新了国内多项施工纪录，形成了一套安全、快速、经济合理的立井冻结与爆破凿井新技术。

⹅ 7.9　本章小结

　　本章以赵固二矿西风井为工程背景，分析了超深厚冲积层立井施工难题，提出了井筒冻结施工和钻爆施工关键技术，形成了参数选取和施工工艺体系，针对立井提升与排矸、井壁浇筑、施工组织提出了技术措施。

　　（1）确定了赵固二矿西风井超深超厚的冻结参数，优化了以外圈为主冻结孔圈，增设辅助、防片冻结孔的布置方式，通过配套冻结孔钻机以及冻结制冷设备，冻结工程实现了井帮温度设计的调控目标，基本维持深部黏性土层井帮温度在 $-7 \sim -11$ ℃范围，施工环境温度良好。

　　（2）提出了冻土条件下钻爆参数选取依据，形成冻土条件下的爆破施工工艺体系，节省施工时间，缩短了施工工期。爆破试验后，炮孔平均利用率在93.3%，单位耗药量 1.31kg/m³，周边光面爆破效果最好，光爆断面较为平整，掘砌进尺显著提升。

　　（3）配备双电机提升机、挖掘机、液压伞钻等设备，优化立井外井壁浇筑工艺，形成了冻结立井施工机械化作业线，提前预埋注浆管和测温元件，实现了冻结井壁温度监控测量以及冻结井壁参数调控。赵固二矿西风井工程取得了冻结表土层外壁掘砌月均进尺 90m 的成绩，刷新了国内多项施工纪录，形成了一套安全、快速、经济合理的立井冻结与爆破凿井新技术。

第 8 章

结论与展望

≡ 8.1　结论

本文对超深厚冲积层大直径立井冻土爆破施工进行了详细分析，以保护井壁的安全和提高冻土爆破效果为前提，对冻结井壁的振动影响和井筒施工可靠性进行深入研究。通过现场试验、数值模拟等手段获得相关成果，可为冻土爆破施工提供一定借鉴。

（1）单孔爆破炸药单耗为 2.33kg/m³，在装药量 0.175kg 时形成最佳爆破漏斗，炮孔深度 0.45m，爆破漏斗体积 0.075m³，爆破漏斗半径 0.438m；五孔同段掏槽孔爆破时，获得爆破漏斗体积为 0.382m³；一定药量下，周边孔间离为 60cm 时，冻土爆破断面符合设计要求，无超挖欠挖现象。

（2）冻结黏土爆破各向振动速度中，轴向振动速度 v_Z > 径向振动速度 v_Y > 切向振动速度 v_X，冻土爆破后应力波的传播主要是沿某个特定方向，运用萨道夫斯基公式拟合获得了冻结黏土爆破的振速公式；振动信号能量在高频段波动较大但衰减快，低频段相对平稳且衰减缓慢，轴向能量变化趋势较于径向和切向下降速率径向和切向更快，突增也更为明显，运用量纲分析法对冻结黏土爆破能量信号进行回归分析得出了能量衰减规律。

（3）超深厚立井井筒冻结表土段采用 1-3-4-5 段电雷管起爆，实测测点最大振动速度为 8.39cm/s，在允许范围以内，未对井壁产生破坏性影响。1 段掏槽爆破时，各测点测得三向振速峰值差别较大，v_Z 约为 v_Y 的 1.2～2.0 倍，为 v_X 向的 2.4～5.3 倍。起爆药量相同情况下，各段振速衰减规律呈现非线性特点，炮孔分布范围越广，自由面越大，振动速度越小，衰减越快。

（4）在爆源与井壁距离相同的情况下，井壁混凝土振动速度随着药量的增加而增大；在相同药量情况下，随着距离的增加而减小。采用萨道夫斯基公式，拟合得到了赵固矿区深厚表土层立井冻结爆破下振速衰减公式。通过与岩石爆破对比，冻土爆破振动速度衰减的斜率变化较小。

（5）立井井壁上的轴向振动速度v_Z > 径向振动速度v_Y > 切向振动速度v_X，在不同段别的炮孔起爆后，4 段辅助孔起爆对井壁的振动最大，5 段周边孔起爆对井壁的振动最小；井壁受到的拉应力要大于压应力，随着距离的增加两者逐渐趋近；通过调整模型中起爆药量、中心空孔直径以及围压条件得到，起爆段药量越大，井壁受到的应力越大，中心空孔半径越大，井壁振动速度越小，相同位置处的质点围压越大，质点振动速度越大。

（6）研发了冻结井壁混凝土不确定性力学特性的随机有限元数值计算程序，揭示了冻结井壁混凝土结构力学特性的随机演化规律。不同混凝土材料的自相关函数（ACF）对井壁混凝土变形标准差的影响是不敏感的，合理的相关函数形式为高斯型（3-DSQX），相关距离（ACD）越长，冻结井壁混凝土的变形标准差越小；变异系数（COV）越大，变形标准差越大。

（7）在显著水平$\alpha = 0.1$条件下，井筒泊松比随机性条件下的等效应力服从均值为 11.9MPa、标准差为 1.18MPa 的正态分布；井筒黏聚力随机性条件下的等效应力服从均值为 12.3MPa、标准差为 1.16MPa 的正态分布；井筒内摩擦角随机性条件下的等效应力服从均值为 11.6MPa、标准差为 1.67MPa 的正态分布；井筒外荷载随机性条件下的等效应力服从均值为 15.2MPa、标准差为 1.78MPa 的正态分布。对于内半径随机性情况，最大失效概率为 3.80%；对于外半径随机性情况，最大失效概率为 4.15%；对于弹性模量随机性情况，最大失效概率为 3.77%；对于泊松比随机性情况，最大失效概率为 4.20%；对于黏聚力随机性情况，最大失效概率为 3.62%；对于内摩擦角随机性情况，最大失效概率为 4.25%；对于井壁外荷载随机性情况，最大失效概率为 5.52%。

（8）单孔爆破时，10%含水率冻土爆破后振动速度较大，大约为 15%含水率冻土爆破振速的 3 倍；双孔爆破时，10%含水率的振动速度在掌子面以下 10cm附近三向振动速度较小，而向两段振动速度逐渐增大，15%含水率振动速度传播较为复杂，v_X由掌子面向未开挖处振动速度逐渐增大，在距离−20cm 处减小。相同含水率的情况下，随着炮孔药量的增多，爆破振动速度明显增大，但可以通过布置中空孔，促进爆破能量释放，促使在掌子面两段振动速度变化较单孔小；四孔爆破时由于中空孔的存在，爆破效果较好。

（9）确定了赵固二矿西风井超深超厚的冻结参数，提出了冻土条件下钻爆参数选取依据，形成冻土条件下的爆破施工工艺体系。冻结工程实现了井帮温度设计的调控目标，施工环境温度良好。冻结爆破缩短了施工工期，爆破试验后，炮孔平均利用率在 93.3%，周边光面爆破效果最好，光爆断面较为平整，掘砌进尺显著提升。通过优化爆破参数，改进钻眼设备，创造了国内超 700m 冲积层冻结法凿井单月进尺 88m 的施工新记录

（10）赵固二矿西风井施工过程中，配备引进行业领先的双电机提升机、挖掘机、液压伞钻等设备，形成了立井施工机械化作业线。首次在井筒施工中成功运用 C100 高强度等级混凝土，填补了国内此项技术空白，采用"六盘十二模"井筒套壁施工法，安全快速完成世界第二的 767m 套壁深度施工。提前预埋注浆管和测温元件，合理选择注浆时机，节约壁间注浆工期 10 多天，优化冻结造孔施工方案，适时调控冻结壁的厚度强度，取得了冻结表土层外壁掘砌月均进尺 90m 的成绩，刷新了国内多项施工纪录，形成了一套安全、快速、经济合理的立井冻结与爆破凿井新技术。

8.2 展望

深大立井冻结黏土爆破振动传播规律的研究是个复杂课题，尤其是对井下高强度混凝土井壁的振动影响。诚然本研究团队在现场做了许多工作，测得了冻结黏土的爆破振动数据，为爆破掘进方案优化提供了一些借鉴。但在探究冻结黏土爆破过程的研究中，发现仍有许多问题要解决，其中主要有：

（1）在研究冻土的可爆性过程中，对单孔和多孔爆破的试验过程中，受限于工期影响，没有进一步多次调试爆破参数，未能更好地与工程实际联系起来。此外，在监测冻土单一介质的振动过程中，仪器在冻土中的固定问题没有得到更好的解决。

（2）在对井壁进行振动监测过程中，未能更深一步探究冻土频繁爆破对混凝土内力造成损伤、对于内部裂隙的扩展起到的破坏作用，以及在低温下混凝

土对爆炸应力波的抵抗强度是否发生改变。同时还要考虑井壁混凝土在冻结力和地应力下的力学性质，这些性质会不会在冻土爆炸应力波的作用下发生一些变化的问题。

（3）在进行爆破井壁振动响应数值模拟时，未建立冻土本构模型，只针对现有模型进行了参数调整，模拟结果可能会有所偏差。冻结黏土的部分力学参数是参考相关资料选取，没有进行相应的力学参数试验。在下一步研究中，可以针对冻土的性质，做一些补充试验。

（4）在不同含水率冻土爆破的室外模型试验过程中，冻土土体密实度没有达到地下环境下的密度，存在一定松散。在冻结过程中采用冷冻库进行土体冻结，与现场施工环境下的冻结存在差异。下一步可以改进试验方案，采用冻结管进行冻结。

（5）在冻土爆破施工技术应用中，未能提出一种更为高效的施工工艺，对冻土爆破施工进行根本性的改进，达到更为科学合理的施工，缩短施工工期，提升工程效益。以上这些因素的缺失对于爆破参数进一步优化，用于指导工程实践存在一定限制。

参 考 文 献

[1] 杨海朋. 大直径竖井井壁受力特性及安全性评价方法研究[D]. 北京: 北京交通大学, 2018.

[2] 李善利. 西部地区深基岩冻结井筒井壁结构设计及其优化研究[D]. 淮南: 安徽理工大学, 2015.

[3] 黄小飞. 特厚表土层冻结井壁的受力机理及设计理论研究[D]. 淮南: 安徽理工大学, 2006.

[4] Crandle F J. Ground vibration due to blasting and its effect upon structures[J]. Journal of the Boston Society of Civil Engineering, 1949, 36(2): 220-225.

[5] Duvall W I, Fogelson D E. Review of criteria for estimating damage to residences from blasting vibration[R]. 1962.

[6] Mindlin D R, Mason W P, Osmer T F, et al. Effect of an oscillating tangential force on the contact surface of elastic spheres[C]//Proceedings of the First US National Congress of Applied Mechanics. 1952, 1951: 203-208.

[7] Sharafat A, Tanoli A W, Raptis G, et al. Controlled blasting in underground construction: A case study of a tunnel plug demolition in the Neelum Jhelum hydroelectric project[J]. Tunnelling and Underground Space Technology, 2019, 93: 103098.

[8] Jayasinghe B, Zhao Z, Chee T G A, et al. Attenuation of rock blasting induced ground vibration in rock-soil interface[J]. Journal of Rock Mechanics and Geotechnical Engineering, 2019, 11(04): 770-778.

[9] Kumar R, Choudhury D, Bhargava K. Prediction of blast-induced vibration parameters for soil sites[J]. International Journal of Geomechanics, 2013, 14(3): 04014007.

[10] Pijush P R. An equivalent spherical charge conversion (ESCC) approach for prediction of ground vibration due to blasting[J]. Mining Technology, 2017, 126(2): 88-95.

[11] 高启栋, 卢文波, 范勇, 等. 岩石钻孔爆破中 Rayleigh 波的形成机制与演化特性研究[J]. 岩石力学与工程学报, 2023, 42(01): 129-143.

[12] 孙金山, 李正川, 刘贵应, 等. 爆破振动在边坡岩土介质中诱发的动应力与振动特征分析[J]. 振动与冲击, 2018, 37(10): 141-148.

[13] 刘达, 卢文波, 陈明, 等. 隧洞钻爆开挖爆破振动主频衰减公式研究[J]. 岩石力学与工程学报, 2018, 37(09): 2015-2026.

[14] 周俊, 石文革, 董玉飞, 等. 上土下岩地层中平面 SH 波的传播特性分析[J]. 高压物理学报, 2022, 36(06): 46-53.

[15] 胡英国, 吴新霞, 赵根, 等. 水工岩石高边坡爆破振动安全控制标准的确定研究[J]. 岩石力学与工程学报, 2016, 35(11): 2208-2216.

[16] Lu W B, Yang J, Yan P, et al. Dynamic response of rock mass induced by the transient release

of in-situ stress[J]. International Journal of Rock Mechanics and Mining Sciences, 2012, 53: 129-141.

[17] Li X, Li H, Zhang G. Damage assessment and blast vibrations controlling considering rock properties of underwater blasting[J]. International Journal of Rock Mechanics and Mining Sciences, 2019, 121: 104045.

[18] Balbas. Application of devolution to blast vibration control[J]. Fragblast, 2001, 5(2): 35-56.

[19] 张岭, 李天龙, 唐维凯, 等. 季节性冻土区某露天矿山边坡变形规律研究[J]. 中国安全生产科学技术, 2023, 19(S1): 86-91.

[20] 胡英国, 吴新霞, 赵根, 等. 严寒条件下岩体开挖爆破振动安全控制特性研究[J]. 岩土工程学报, 2017, 39(11): 2139-2146.

[21] 于建新, 郭敏, 刘焕春, 等. 立井冻土爆破冻结管振动力学响应研究[J]. 应用力学学报, 2021, 38(1): 367-374.

[22] Zhu Z W, Fu T T, Zhou Z W, et al. Research on ottosen constitutive model of frozen soil under impact load[J]. International Journal of Rock Mechanics and Mining Sciences, 2021, 137: 104544.

[23] 张俊兵, 潘卫东, 傅洪贤. 青藏铁路多年高含冰量冻土爆破漏斗的试验研究[J]. 岩石力学与工程学报, 2005, 24(6): 1077-1081.

[24] Konrad J M, Duquennoi C. A model for water transport and ice lensing in freezing soils[J]. Water Resources Research, 1993, 29(9): 3109-3124.

[25] 李志敏, 汪旭光, 汪泉, 等. 冻结砂土爆破作用区域内损伤模型分析[J]. 工程爆破, 2018, 24(3): 1-6+31.

[26] 马芹永. 多年冻土和人工冻土的爆破试验与方法研究[J]. 土木工程学报, 2004, 37(9): 75-78.

[27] 谭忠盛, 况成明, 杨小林, 等. 风火山多年冻土隧道施工爆破技术研究[J]. 岩石力学与工程学报, 2006, 25(5): 1056-1061.

[28] 付晓强, 俞缙. 冻结立井爆破井壁振动与围岩损伤控制研究[J]. 中国安全科学学报, 2021, 31(09): 67-74.

[29] 杨仁树, 付晓强, 杨立云, 等. 冻结立井爆破冻结壁成形控制与井壁减振研究[J]. 煤炭学报, 2016, 41(12): 2975-2985.

[30] 单仁亮, 白瑶, 宋立伟, 等. 冻结岩壁爆破振动及损伤特性试验研究[J]. 岩石力学与工程学报, 2015, 34(S2): 3732-3741.

[31] 单仁亮, 宋立伟, 白瑶, 等. 爆破作用下冻结岩壁损伤评价的模型试验研究[J]. 岩石力学与工程学报, 2014, 33(10): 1945-1952.

[32] 王二成. 西北地区冻结立井爆破对早期高强砼井壁损伤研究[D]. 北京: 中国矿业大学(北京), 2014.

[33] 姚直书, 赵丽霞, 程桦, 等. 深厚表土层冻结井筒高强钢筋混凝土内壁设计优化与实测分析[J]. 煤炭学报, 2019, 44(7): 2125-2132.

[34] 陈祥福, 申明亮, 张勇, 等. 厚表土立井井壁破坏数值模拟研究[J]. 地下空间与工程学

报, 2010, 6(5): 926-931.

[35] 王鹏, 林斌, 侯海杰, 等. 深井冻结壁与井壁共同作用数值模拟[J]. 煤炭技术, 2018, 37(9): 73-76.

[36] 谢海舰. 深厚表土环境中 RC 井壁结构力学性能退化规律及寿命预测研究[D]. 徐州: 中国矿业大学, 2016.

[37] 王衍森, 薛利兵, 程建平, 等. 特厚冲积层竖井井壁冻结压力的实测与分析[J]. 岩土工程学报, 2009, 31(2): 58-63.

[38] 管华栋, 周晓敏, 徐衍, 等. 冻结立井井壁早期温度应力计算研究[J]. 金属矿山, 2018, 503(5): 44-47.

[39] Kostina A, Zhelnin M, Plekhov O, et al. Numerical simulation of stress-strain state in frozen wall during thawing[J]. Procedia Structural Integrity, 2021, 32: 101-108.

[40] 付晓强, 俞缙, 崔秀琴, 等. 爆破振动信号 3 种经验模态分解差异性研究[J]. 工程爆破, 2021, 27(03): 21-28.

[41] 谢立栋, 东兆星, 张涛, 等. 立井爆破掘进空隙高度优化设计的小波包分析[J]. 煤矿安全, 2018, 49(12): 229-234.

[42] 杨先, 马洁腾, 陈帅志, 等. 基于 HHT 方法的煤矿深立井掘进爆破振动信号分析[J]. 煤矿安全, 2018, 49(04): 201-204.

[43] Wang W, Song L J, You Q W, et al. Research on energy characteristics of shaft blasting vibration based on wavelet packet[J]. Geotechnical and Geological Engineering, 2023: 1-13.

[44] 马芹永, 袁璞, 张经双, 等. 立井冻结基岩段爆破振动信号时频分析[J]. 建井技术, 2015, 36(04): 34-39.

[45] 贾勍. 爆破振动对深井基岩段冻结管及围岩影响规律研究[D]. 徐州: 中国矿业大学, 2014.

[46] 张志彪. 爆炸作用下钢板混凝土组合结构破坏规律研究[D]. 徐州: 中国矿业大学, 2014.

[47] Ahmed L, Ansell A. Vibration vulnerability of shotcrete on tunnel walls during construction blasting[J]. Tunnelling and Underground Space Technology, 2014, 42(42): 105-111.

[48] Song K I, Oh T M, Cho G C. Precutting of tunnel perimeter for reducing blasting-induced vibration and damaged zone–numerical analysis[J]. KSCE Journal of Civil Engineering, 2014, 18(4): 1165-1175.

[49] Park D, Jeon S. Reduction of blast-induced vibration in the direction of tunneling using an air-deck at the bottom of a blasthole[J]. International Journal of Rock Mechanics and Mining Sciences, 2010, 47(5): 752-761.

[50] Bhagwat V P, Dey K. Comparison of some blast vibration predictors for blasting in underground drifts and some observations[J]. Journal of The Institution of Engineers (India): Series D, 2016, 97: 33-38.

[51] Law T M, May J, Spathis A T, et al. Blast damage and blast dilution control: the application of bulk emulsion systems at the WMC Stlves Junction Mine[J]. International Journal for Blasting

and Fragmentation, 2001, 1(5): 1-20.

[52] Ramulu M, Chakraborty A K, Sitharam T G. Damage assessment of basaltic rock mass due to repeated blasting in a railway tunneling project: a case study[J]. Tunnelling and Underground Space Technology, 2009, 24(2): 208-221.

[53] Villaescusae L. Blast-induced damage and dynamic behavior of hanging walls in bench stoping[J]. Fragblast, 2004, 8(1): 23-40.

[54] Xie H P, Zhang K, Zhou C T, et al. Dynamic response of rock mass subjected to blasting disturbance during tunnel shaft excavation: a field study[J]. Geomechanics and Geophysics for Geo-Energy and Geo-Resources, 2022, 8(2): 52.

[55] Xie L D, Dong Z X, Qi Y J, et al. Vibration failure of young low-temperature concrete shaft linings caused by blasting excavation[J]. Advances in Civil Engineering, 2019, 1-10.

[56] 单仁亮, 白瑶, 宋永威, 等. 冻结立井模型爆破振动信号的小波包分析[J]. 煤炭学报, 2016, 41(08): 1923-1932.

[57] 李新政. 立井冻土爆破快速施工技术[J]. 建井技术, 2010, 31(5): 6-8.

[58] 臧培刚, 王伟, 马宏强, 等. 超深厚冲积层冻结井筒施工关键技术研究[J]. 煤炭科学技术, 2017, 45(8): 97-104, 141.

[59] 边振辉. 大直径超深竖井成套施工技术[J]. 建井技术, 2018, 39(5): 1-6.

[60] 韩涛. 富水基岩单层冻结井壁受力规律及设计理论研究[D]. 徐州: 中国矿业大学, 2011.

[61] 徐华生, 杨龙. 潘三矿新西风井冻结法施工关键技术研究[J]. 煤炭技术, 2018, 37(6): 110-113.

[62] 李亚伟. 煤矿岩巷爆破参数优化与快速掘进技术研究[D]. 淮南: 安徽理工大学, 2014.

[63] 于继来, 周聪, 张起博. 冻土爆破钻孔机械的选用[J]. 南方农机, 2016, 47(10): 133.

[64] 李廷春, 王超, 胡兆峰, 等. 巨厚砾岩层爆破掘进快速建井技术[J]. 爆破, 2013, 30(4): 45-49.

[65] Ma Q Y, Zing Q. Experimental study on paramenters of frozen soil smooth blasting[J]. Journal of Glaciolgy and Geocryology, 1998, 20(1): 60-63.

[66] 梁为民, 黄小广, 褚怀保, 等. 冻土隧道复合不耦合装药结构试验研究[J]. 铁道学报, 2008, 30(1): 113-116.

[67] 杨更社, 吴家米. 煤矿立井冻结设计理论的研究现状与展望分析[J]. 地下空间与工程学报, 2010, 6(3): 627-635.

[68] 杨维好. 十年来中国冻结法凿井技术的发展与展望[C]//中国煤炭学会. 中国煤炭学会成立五十周年高层学术论坛论文集, 北京, 2012.

[69] 李立峰. 地下结构爆破震动累积损伤与安全控制技术[D]. 长沙: 中南大学, 2012.

[70] 孙金山, 周传波, 郑晓硕, 等. 大冶铁矿爆破开采巷道围岩累积损伤规律研究[J]. 爆破, 2013, 30(3): 10-14.

[71] 于建新, 郭敏, 张英才, 等. 超深厚冲积层立井冻结爆破快速掘砌施工技术[J]. 煤炭工程, 2019, 51(11): 33-37.

[72] 张道海, 郭敏, 曾鹏. 光面爆破技术在深大立井冻土掘进中的应用[J]. 建井技术, 2020,

41(1): 21-25.

[73] 曾凡伟, 郭敏, 于建新, 等. 深厚冲积层大直径千米立井冻土掘进爆破参数优化[J]. 爆破, 2019, 36(4): 119-125.

[74] 杨国梁, 宋娇娇, 张召冉, 等. 基于 AHP-Fuzzy 法的煤矿立井冻结法施工风险管理研究[J]. 中国矿业, 2020, 29(5): 178-182.

[75] Zheng Z, Xu Y, Dong J, et al. Hard rock deep hole cutting blasting technology in vertical shaft freezing bedrock section construction[J]. Journal of Vibroengineering, 2015, 17(3), 1105-1119.

[76] Ma X M, Chen Z Y, Chen P, et al. Intelligent quality evaluation system for vertical shaft blasting and its application[J]. IEEE Access, 2022, 10: 61175-61191.

[77] Li Q X, Luo Z Y, Huang M, et al. Control of rock block fragmentation based on the optimization of shaft blasting parameters[J]. Geofluids, 2020, 2020: 1-10.

[78] Zhang C S, Hu F, Zou S. Effects of blast induced vibrations on the fresh concrete lining of a shaft[J]. Tunnelling and Underground Space Technology, 2005, 20(4), 356-361.

[79] 马芹永. 冻土爆破性与可钻性试验及其应用[M]. 北京: 科学出版社, 2007.

[80] 朱小明, 宋宏伟, 刘辉. 岩石中爆炸应力波衰减规律[J]. 山西建筑, 2007, 033(31): 112-113.

[81] 宗琦. 立井冻土掘进爆破参数模型实验研究[D]. 合肥: 中国科学技术大学, 2004.

[82] 杨小林, 王树仁. 岩石爆破损伤断裂的细观机理[J]. 爆炸与冲击, 2000, 20(3): 247-252.

[83] 王庆国. 隧道岩石爆破理论研究与数值模拟[D]. 成都: 西南交通大学, 2008.

[84] 张继春. 节理岩体爆破的损伤机理及其块度模型[J]. 中国有色金属学报, 1999, 9(3): 666-671.

[85] 庄新炉. 爆炸载荷作用下裂隙岩体的损伤特性研究[D]. 淮南: 安徽理工大学, 2005.

[86] 杨年华. 冻土爆破的实践与认识[J]. 铁道工程学报, 2000, 68(4): 95-97.

[87] Peng J Y, Zhang F P, Du C, et al. Effects of confining pressure on crater blasting in rock-like materials under electric explosion load[J]. International Journal of Impact Engineering, 2020, 139: 103534.

[88] 王贺, 郭春香, 吴亚平, 等. 基于弹性力学考虑冰水相变过程下多年冻土冻胀系数与冻胀率之间的关系[J]. 岩石力学与工程学报, 2018, 37(12): 2839-2845.

[89] 黄星, 李东庆, 明锋, 等. 冻结粉质黏土声学特性与物理力学性质试验研究[J]. 岩石力学与工程学报, 2015, 34(7): 1489-1496.

[90] 宗琦, 傅菊根, 徐华生. 立井冻土掘进爆破技术的研究与应用[J]. 岩土力学, 2007, 140(9): 1992-1996.

[91] 金旭浩, 卢文波. 爆破漏斗理论探讨[J]. 岩土力学, 2002, 23(S1): 205-208, 219.

[92] 王以贤, 余永强, 杨小林, 等. 基于爆破漏斗实验的煤体爆破参数研究[J]. 爆破, 2010, 27(1): 1-4+10.

[93] 杨红兵. 爆破漏斗试验确定中深孔爆破参数的方法[J]. 新疆有色金属, 2005(3): 13-14.

[94] 吴春平, 滕高礼, 张长洪, 等. 深部开采单孔爆破漏斗实验[J]. 工程爆破, 2017, 23(4): 11-13.

[95] 宋晨良, 李祥龙, 赵文, 等. 羊拉铜矿爆破漏斗实验[J]. 工程爆破, 2017, 23(2): 77-81.

[96] 支伟, 罗佳, 王丽红. 盘龙铅锌矿中深孔爆破参数试验研究[J]. 采矿技术, 2016, 16(3): 83-86.

[97] 周传波, 范效锋, 李政, 等. 基于爆破漏斗试验的大直径深孔爆破参数研究[J]. 矿冶工程, 2006(2): 9-13.

[98] 宗琦, 马芹永, 王从平. 立井冻土爆破的理论与实践[J]. 冰川冻土, 2002, 24(2): 192-197.

[99] 蒋复量, 周科平, 钟永明, 等. 小型爆破漏斗试验技术在中深孔爆破中的应用[J]. 中国安全生产科学技术, 2008(5): 24-27.

[100] 中华人民共和国国家质量监督检验检疫总局, 中国国家标准化管理委员会. 爆破安全规程: GB 6722—2014[S]. 北京: 中国标准出版社, 2014.

[101] 林大超, 施惠基, 白春华, 等. 基于小波变换的爆破振动时频特征分析[J]. 岩石力学与工程学报, 2004, 23(1): 101-106.

[102] 付晓强, 杨立云, 陈程, 等. 煤矿冻结立井爆破雷管微差延时识别研究[J]. 煤矿安全, 2017, 48(4): 55-58.

[103] 付晓强, 杨仁树, 刘纪峰, 等. 冻结立井爆破近区井壁振动信号基线漂移校正和消噪方法[J]. 爆炸与冲击, 2020, 40(9): 100-112.

[104] 付晓强, 杨仁树, 崔秀琴, 等. 冻结立井爆破振动信号多重分形去趋势波动分析[J]. 振动与冲击, 2020, 39(6): 51-58.

[105] Ma C Y, Wu L, Sun M, et al. Time-Frequency analysis and application of a vibration signal of tunnel excavation blasting based on CEEMD-MPE-HT[J]. Shock and Vibration, 2021, 2021: 1-10.

[106] 单仁亮, 白瑶, 宋立伟, 等. 冻结岩壁爆破振动及损伤特性试验研究[J]. 岩石力学与工程学报, 2015, 34(S2): 3732-3741.

[107] 凌同华, 李夕兵. 地下工程爆破振动信号能量分布特征的小波包分析[J]. 爆炸与冲击, 2004, 24(1): 63-68.

[108] 段军彪. 基于损伤累积的爆破振动波能量传播与衰减规律研究[D]. 焦作: 河南理工大学, 2018.

[109] 李朝阳, 宋玉普, 车轶. 混凝土的单轴抗压疲劳损伤累积性能研究[J]. 土木工程学报, 2002, 35(2): 38-40.

[110] Daubechies I. Orthonormal bases of compactly supported wavelets[J]. Communications on Pure and Applied Mathematics, 1988, 41(7): 909-996.

[111] 李洪涛, 卢文波, 舒大强, 等. 爆破地震波的能量衰减规律研究[J]. 岩石力学与工程学报, 2010, 29(S1): 3364-3369.

[112] 张广辉, 欧阳振华, 邓志刚, 等. 循环加载下冲击倾向性煤能量耗散与损伤演化研究[J]. 煤炭科学技术, 2017, 45(2): 59-64.

[113] 马芹永, 袁璞, 张经双, 等. 立井直眼微差爆破模型试验振动测试与分析[J]. 振动与冲击, 2015, 34(6): 172-176.

[114] 单仁亮, 王二成, 李慧, 等. 西北冻结立井砼井壁爆破损伤模型[J]. 煤炭学报, 2015,

40(3): 522-527.

[115] 姚直书, 程桦, 杨俊杰. 深表土中高强钢筋混凝土井壁力学性能的实验研究[J]. 煤炭学报, 2004, 29(2): 167-171.

[116] 中国科学院地质研究所. 岩体工程地质力学问题(三)[M]. 北京: 科学出版社, 1985.

[117] 戴俊. 岩石动力学特性与爆破理论[M]. 2 版. 北京: 冶金工业出版社, 2013.

[118] 种玉配, 张帅军, 白中坤, 等. 爆炸作用下冻结管振动响应规律研究[J]. 中国矿业, 2018, 27(11): 158-164.

[119] 杜峰, 闫军, 张学民, 等. 大跨度小净距隧道爆破振动影响数值模拟分析[J]. 铁道科学与工程学报, 2017, 14(3): 568-574.

[120] 吴亮, 位敏, 钟冬望, 等. 空气间隔装药爆破动态应力场特性研究[J]. 爆破, 2009, 26(4): 17-21.

[121] 汪海波, 宗琦, 赵要才. 立井大直径中空孔直眼掏槽爆炸应力场数值模拟分析与应用[J]. 岩石力学与工程学报, 2015, 34(S1): 3223-3229.

[122] 李启月, 徐敏, 范作鹏, 等. 直眼掏槽破岩过程模拟与空孔效应分析[J]. 爆破, 2011, 28(4): 23-26.

[123] 杨维好, 黄家会. 冻结管受力分析与实验研究[J]. 冰川冻土, 1999, 21(1): 33-38.

[124] 姚直书, 程桦, 杨俊杰. 地层沉降条件下可缩性钻井井壁受力机理的试验研究[J]. 岩土工程学报, 2002, 24(6): 733-736.